上海市住房和城乡建设管理委员会

上海市建设工程施工工期定额

（建筑、市政、城市轨道交通工程）

SH T0—80(01)—2022

同济大学出版社

2023 上 海

图书在版编目(CIP)数据

上海市建设工程施工工期定额：建筑、市政、城市
轨道交通工程：SH T0—80(01)—2022 / 上海市建筑建
材业市场管理总站，上海建科工程咨询有限公司主编. —
上海：同济大学出版社，2023.9
　　ISBN 978-7-5765-0031-8

　　I.①上… Ⅱ.①上…②上… Ⅲ.①建筑工期定额
－上海　Ⅳ.①TU723.34

中国国家版本馆 CIP 数据核字(2023)第 170541 号

上海市建设工程施工工期定额(建筑、市政、城市轨道交通工程)SH T0—80(01)—2022

上海市建筑建材业市场管理总站　　　主编
上海建科工程咨询有限公司

责任编辑　朱　勇　　**责任校对**　徐春莲　　**封面设计**　陈益平

出版发行　同济大学出版社　　www.tongjipress.com.cn
　　　　　(地址：上海市四平路 1239 号　邮编：200092　电话：021-65985622)
经　　销　全国各地新华书店
印　　刷　启东市人民印刷有限公司
开　　本　890mm×1240mm　1/16
印　　张　9.25
字　　数　296 000
版　　次　2023 年 9 月第 1 版
印　　次　2023 年 9 月第 1 次印刷
书　　号　ISBN 978-7-5765-0031-8

定　　价　98.00 元(含宣贯材料)

上海市建设工程施工工期定额

（建筑、市政、城市轨道交通工程）

SH T0—80(01)—2022

主 编 单 位：上海市建筑建材业市场管理总站

上海建科工程咨询有限公司

主要编制人员：孙晓东　蒋宏彦　冯永强　高书文　王　颖

章宏伟　田洁莹　王立中　衷振兴　任思亮

刘禹辰　钱智勇　崔立琪　刘丹璇　饶晓燕

周苏恒　赵　赢　沈　郁　柳　露　谈礼刚

评 审 专 家：王晓鸿　蔡玉红　丁勇祥　何国军　姚晓青

上海市住房和城乡建设管理委员会文件

沪建标定〔2022〕351 号

上海市住房和城乡建设管理委员会
关于批准发布《上海市建设工程施工工期
定额(建筑、市政、城市轨道交通工程)
(SH T0－80(01)－2022)》的通知

各有关单位:

为合理确定建设工程施工工期,满足本市建设工程计价需求,根据《关于印发〈2020 年度上海市工程建设及城市基础设施养护维修定额编制计划〉的通知》(沪建标定〔2019〕545 号)及《关于印发〈上海市建设工程定额体系表(2020)〉的通知》(沪建标定〔2020〕794 号),上海市建筑建材业市场管理总站组织编制了《上海市建设工程施工工期定额(建筑、市政、城市轨道交通工程)(SH T0－80(01)－2022)》,经审核,现予以批准发布,自 2022 年10 月 1 日起实施。原《上海市建设工程施工工期定额(SH T0－80(01)－2011)》予以废止。

本次发布的定额由上海市住房和城乡建设管理委员会负责管理,上海市建筑建材业市场管理总站负责组织实施和解释。

特此通知。

上海市住房和城乡建设管理委员会

2022 年 8 月 1 日

总　说　明

一、本定额是以《建筑安装工程工期定额(TY 01－89－2016)》和《上海市建设工程施工工期定额(建筑、市政和轨道交通工程)(SH T0－80(01)－2011)》为基础，结合上海市辖区范围内正常施工条件、常用施工方法、合理劳动组织及平均施工技术装备和管理水平编制的。

二、本定额适用于本市行政区域内建筑工程、市政工程和轨道交通工程的新建、扩建工程项目。

三、本定额是建设工程在可行性研究、初步设计、招标阶段确定工期及签订施工合同的参考依据。

四、定额工期：是指在正常施工条件及合理施工组织下，按国家或本市相关标准完成规定的施工内容所需要的施工时间。具体起止时间详见本定额各章说明。

本定额工期以日历天为单位。

五、本定额工期综合考虑了冬期施工、雨季施工、一般气候影响、常规地质条件和节假日等因素，并结合国家法律法规的有关规定、建筑施工规范和技术操作规程要求进行测算确定。

六、本定额施工工期的调整

（一）因不可抗力、异常恶劣天气或政府政策影响施工进度或造成工程暂停施工的，经发包、承包双方确认，工期可以顺延。

（二）因设计变更或发包方原因造成工期变化的，经发包、承包双方确认，工期可以调整。

（三）施工过程中遇到障碍物或古墓、文物、化石、流砂、暗浜、淤泥、石方等需要进行特殊处理的情况且影响关键线路时，由发包、承包双方确认后增加工期。

（四）因工程动拆迁、地下管线改移未完成，未能按合同约定时间开工的，由发包、承包双方确定调整工期。

（五）其他非承包人原因造成的工期延误，经发包、承包双方确认后工期可以调整。

七、本定额凡注明"×××以内(下)"者，均包括"×××"本身，注明"×××以外(上)"者，均不包括"×××"本身。

目　录

第一部分 建筑工程

说 明

一、本部分定额包括民用建筑工程、工业及其他建筑工程和专业工程,共 3 章。适用于上海市行政区域内新建、扩建的建筑工程。

二、除各章另有规定外,本部分的定额工期是指单项(位)工程工期,即单项(位)工程自打基础桩或地基与基础工程挖土之日起,至完成各章节所包含的全部工程内容并达到国家和上海市验收标准之日止的日历天数(包括法定节假日),不包括"三通一平"、打试验桩、地下障碍物处理等施工准备和竣工文件编制所需的时间。

三、除本定额另有说明外,第三章专业工程的定额工期是确定专业分包工程合同工期的基础。

四、有关规定

(一)同期施工的群体工程中包括 2 个或 2 个以上单项(位)工程时,建设工程项目总工期以最大单项(位)工程的工期为基数,加上其他单项(位)工程的工期总和乘以系数计算:加 1 个乘以系数 0.15;加 2 个乘以系数 0.1;加 3 个乘以系数 0.08;4 个以上的单项(位)工程不再计算增加工期。

加 1 个单项(位)工程:$T = T_1 + T_2 \times 0.15$

加 2 个单项(位)工程:$T = T_1 + (T_2 + T_3) \times 0.1$

加 3 个单项(位)工程:$T = T_1 + (T_2 + T_3 + T_4) \times 0.08$

其中: T——建筑工程项目总工期;

T_1,T_2,T_3,T_4——所有单项(位)工程工期最大的前 4 个,且 $T_1 \geqslant T_2 \geqslant T_3 \geqslant T_4$。

(二)层数以建筑物自然层数计算,设备层、管道层和避难层等应计算层数,出屋面的楼梯间、电梯间和水箱间不计算层数。

(三)单项(位)工程的层数超出本定额范围时,其工期按实际情况另行计算。

五、本部分建筑工程的建筑面积依据《建筑工程建筑面积计算规范》(GB/T 50353—2013)中"计算建筑面积的规定"计算。

六、依据本定额计算工期天数的中间结果为小数时,应采用四舍五入保留一位小数,最终结果采用"进一法"取整数计算。

第一章 民用建筑工程

说 明

一、本章包括±0.00 以下工程、±0.00 以上工程、±0.00 以上钢结构工程和±0.00 以上超高层建筑工程四部分。

二、±0.00 以下工程分为无地下室和有地下室两部分。

(一)无地下室工程,按基础类型及首层建筑面积划分。

定额子目工期包括±0.00 以下全部工程内容,不含桩基和地基处理工程。

(二)有地下室工程,按地下室层数及地下室建筑面积划分。

定额子目工期为完成±0.00 以下土方、基础结构、围护工程、装饰装修、通用安装等工程施工的时间,其中结构工期包括土方、基础及结构等工程,不含桩基和地基处理等工程。

三、±0.00 以上工程

本节参照《建设工程造价指标指数分析标准》(DG/TJ 08—2135—2020)将民用建筑工程分为住宅工程、福利院养老院工程、商业建筑工程、旅馆酒店工程、文化建筑工程、卫生建筑工程、办公建筑工程、科研建筑工程、教学建筑工程、体育建筑工程、交通建筑工程共 11 个类别,按结构类型、层数及建筑面积划分。

(一)定额子目工期为完成±0.00 以上结构、装饰装修、通用安装等工程施工的时间,其中结构工期为完成结构工程的工期。

(二)定额子目工期按完成设计图纸全部装饰装修工作,综合各种装修做法而编制。装饰装修标准见表 1-1-1。

表 1-1-1 装饰装修标准

项目	一般	中级	高级
内墙面	一般涂料	高级涂料、面砖、壁纸、木饰面	高级涂料、石材饰面、类石材饰面、壁纸、软包、金属装饰板、木饰面
天棚	一般涂料	高级涂料、吊顶、壁纸	高级涂料、造型吊顶、金属吊顶、壁纸
楼地面	水泥、混凝土、塑料、涂料	块料、木地板、地毯、地胶	石材饰面木地板类石材饰面、地毯、地胶
室内门窗	塑钢门窗、钢门窗	铝合金门窗、木门窗、玻璃门	铝合金门窗、金属饰面门窗、成套木门、玻璃门

注:1. 高级装修:墙面、楼地面每项分别满足 3 个及 3 个以上高级装修项目,天棚、门窗每项分别满足 2 个及 2 个以上高级装修项目,并且每项装修项目的面积之和占相应装修项目面积 70%以上者。

2. 中级装修:墙面、楼地面、天棚、门窗每项分别满足 2 个及 2 个以上中级装修项目,并且每项装修项目面积之和占相应装修项目面积 70%以上者。

3. 宾馆、酒店工程装饰装修标准按《旅游饭店星级的划分与评定》(GB/T 14038—2010)确定。

四、工期计算规则

(一)单项(位)工程

单项(位)工程工期按±0.00 以下工程与±0.00 以上工程定额子目的工期之和计算。

(二)±0.00 以下工程

1. 无地下室工程工期按首层建筑面积计算,有地下室的按地下室建筑面积总和计算。

2. 单项(位)工程±0.00 以下工程由 2 种或 2 种以上基础类型组成的,按不同类型部分的面积和层数查出相应工期相加计算。

3. 独立的地下车库工程或单项(位)执行有地下室工程相应的定额子目工期。顶面覆土厚度在 1 m 以内时,不另增加工期;覆土厚度在 2 m 以内时,按最大单层建筑面积每 1 000 m² 增加工期 5 天;覆土厚度超过 2 m 时,按最大单层建筑面积每 1 000 m² 增加工期 10 天。

(三) ±0.00 以上工程

1. 工期按±0.00 以上部分建筑面积总和或单层平均建筑面积(±0.00 以上超高层建筑工程)计算。

2. 单项(位)工程±0.00 以上结构相同,使用功能不同的:无变形缝时,按不同使用功能对应建筑面积占比大的计算工期;有变形缝时,先按不同使用功能的面积分别计算工期,再以其中一个最大工期为基数,另加其他部分工期的 12% 计算。

3. 单项(位)工程±0.00 以上由 2 种或 2 种以上结构类型组成的:无变形缝时,先按全部面积计算不同结构的相应工期,再按不同结构各自的建筑面积加权平均计算;有变形缝时,先按不同结构各自的面积计算相应工期,再以其中一个最大工期为基数,另加其他部分工期的 12% 计算。

4. 单项(位)工程±0.00 以上层数不同的:有变形缝时,先按不同层数各自的面积计算相应工期,再以其中一个最大工期为基数,另加其他部分工期的 12% 计算。

5. 单项(位)工程±0.00 以上分成若干个独立部分时,先按各独立部分计算相应工期,再以其中一个最大工期为基数,另加其他部分工期的 12% 计算,4 个以上独立部分不再另增加工期。±0.00 以上有整体部分的,将其并入最大部分工期中计算。

(四) 其他

1. 根据上海市住房和城乡建设管理委员会《关于印发〈上海市装配式建筑单体预制率和装配率计算细则〉的通知》(沪建建材〔2019〕765 号),本章节下的装配式混凝土结构工程施工工期按照预制装配率 40% 编制。装配率每增加 5%(不足 5% 按 5% 计算),定额工期相应减少 1%。

2. 本定额工期包含地块范围内的水、电、煤及其他配套管线安装工期和绿化工期。

3. ±0.00 以上超高层建筑单层平均面积按主塔楼±0.00 以上总建筑面积除以地上总层数计算。

4. 文化建筑中音乐厅(歌剧院)因其声学设计和音质控制要求,其中±0.00 以上工期可乘以系数 1.5 或自行协商确定。

5. ±0.00 以下工程,对于采用非常规工艺,当地质条件复杂或受周边地铁、高层(超高层)建筑等环境影响时,其工期可通过专家评审确定或在本定额的基础上自行确定。

第一节 ±0.00 以下工程

一、无地下室工程

编号	基础类型	首层建筑面积(m²)	工期(天)	其中:结构工期(天)
1-1-1	筏板基础/满堂基础	≤500	50	50
1-1-2		≤1 000	55	55
1-1-3		≤3 000	70	70
1-1-4		≤5 000	90	90
1-1-5		≤7 000	105	105
1-1-6		≤10 000	120	120
1-1-7		≤15 000	135	135
1-1-8		>15 000	150	150
1-1-9	框架基础	≤500	35	35
1-1-10		≤1 000	40	40
1-1-11		≤3 000	60	60
1-1-12		≤5 000	80	80
1-1-13		≤7 000	105	105
1-1-14		>7 000	120	120

二、有地下室工程

编号	层数	地下建筑面积(m²)	工期(天)	其中:结构工期(天)
1-1-15	1	≤2 000	125	95
1-1-16		≤5 000	140	115
1-1-17		≤10 000	170	140
1-1-18		≤20 000	200	160
1-1-19		≤40 000	245	195
1-1-20		>40 000	295	235
1-1-21	2	≤5 000	190	150
1-1-22		≤10 000	230	190
1-1-23		≤20 000	280	240
1-1-24		≤40 000	340	280
1-1-25		≤60 000	400	340
1-1-26		>60 000	450	380

（续表）

编号	层数	地下建筑面积（m²）	工期（天）	其中:结构工期（天）
1-1-27	3	≤10 000	290	230
1-1-28		≤20 000	340	280
1-1-29		≤40 000	400	340
1-1-30		≤60 000	460	400
1-1-31		≤80 000	520	460
1-1-32		>80 000	580	520
1-1-33	4	≤10 000	320	290
1-1-34		≤20 000	380	340
1-1-35		≤40 000	450	400
1-1-36		≤60 000	520	460
1-1-37		≤80 000	580	520
1-1-38		≤100 000	640	580
1-1-39		>100 000	700	620
1-1-40	5	≤20 000	430	370
1-1-41		≤30 000	470	400
1-1-42		≤40 000	520	440
1-1-43		≤60 000	590	500
1-1-44		≤80 000	660	570
1-1-45		≤100 000	730	630
1-1-46		>100 000	810	710

第二节　±0.00 以上工程

一、住宅工程

结构类型:现浇钢筋混凝土结构

编号	层数	地上建筑面积(m²)	工期(天)	其中:结构工期(天)
1-1-47	≤3	≤1 000	150	105
1-1-48		≤2 000	160	115
1-1-49		≤3 000	175	125
1-1-50		≤5 000	185	135
1-1-51		>5 000	200	150
1-1-52	≤6	≤3 000	190	135
1-1-53		≤5 000	205	145
1-1-54		≤8 000	220	160
1-1-55		≤10 000	235	175
1-1-56		>10 000	255	195
1-1-57	≤8	≤5 000	240	190
1-1-58		≤8 000	260	205
1-1-59		≤10 000	280	220
1-1-60		≤15 000	300	240
1-1-61		>15 000	325	265
1-1-62	≤10	≤8 000	295	235
1-1-63		≤10 000	310	245
1-1-64		≤15 000	330	260
1-1-65		≤20 000	350	280
1-1-66		>20 000	375	305
1-1-67	≤12	≤10 000	330	260
1-1-68		≤15 000	350	280
1-1-69		≤20 000	370	300
1-1-70		≤25 000	390	320
1-1-71		>25 000	415	345
1-1-72	≤16	≤10 000	375	305
1-1-73		≤15 000	395	320
1-1-74		≤20 000	410	340
1-1-75		≤25 000	430	360
1-1-76		≤30 000	450	380
1-1-77		>30 000	480	410

(续表)

编号	层数	地上建筑面积(m²)	工期(天)	其中:结构工期(天)
1-1-78	≤20	≤10 000	410	340
1-1-79		≤20 000	440	360
1-1-80		≤25 000	460	380
1-1-81		≤30 000	485	405
1-1-82		≤35 000	510	430
1-1-83		≤40 000	535	455
1-1-84		>40 000	560	480
1-1-85	≤24	≤20 000	470	390
1-1-86		≤25 000	490	410
1-1-87		≤30 000	520	430
1-1-88		≤35 000	550	450
1-1-89		≤40 000	580	470
1-1-90		≤45 000	610	490
1-1-91		>45 000	640	515
1-1-92	≤28	≤20 000	535	440
1-1-93		≤30 000	560	460
1-1-94		≤35 000	580	480
1-1-95		≤40 000	600	500
1-1-96		≤45 000	620	520
1-1-97		≤50 000	645	540
1-1-98		>50 000	675	570
1-1-99	≤34	≤25 000	575	475
1-1-100		≤35 000	610	505
1-1-101		≤40 000	635	525
1-1-102		≤45 000	655	545
1-1-103		≤50 000	680	565
1-1-104		≤60 000	705	590
1-1-105		>60 000	735	615
1-1-106	≤40	≤25 000	595	495
1-1-107		≤35 000	630	525
1-1-108		≤40 000	655	545
1-1-109		≤45 000	675	565
1-1-110		≤50 000	700	585
1-1-111		≤60 000	725	610
1-1-112		>60 000	755	635

结构类型:装配式混凝土结构

编号	层数	地上建筑面积(m²)	工期(天)	其中:结构工期(天)
1-1-113	≤3	≤1 000	135	95
1-1-114		≤2 000	144	104
1-1-115		≤3 000	158	113
1-1-116		≤5 000	167	122
1-1-117		>5 000	180	135
1-1-118	≤6	≤3 000	171	122
1-1-119		≤5 000	185	131
1-1-120		≤8 000	198	144
1-1-121		≤10 000	212	158
1-1-122		>10 000	230	176
1-1-123	≤8	≤5 000	216	171
1-1-124		≤8 000	234	185
1-1-125		≤10 000	252	198
1-1-126		≤15 000	270	216
1-1-127		>15 000	293	239
1-1-128	≤10	≤8 000	266	212
1-1-129		≤10 000	279	221
1-1-130		≤15 000	297	234
1-1-131		≤20 000	315	252
1-1-132		>20 000	338	275
1-1-133	≤12	≤10 000	297	234
1-1-134		≤15 000	315	252
1-1-135		≤20 000	333	270
1-1-136		≤25 000	351	288
1-1-137		>25 000	374	311
1-1-138	≤16	≤10 000	338	275
1-1-139		≤15 000	356	288
1-1-140		≤20 000	369	306
1-1-141		≤25 000	387	324
1-1-142		≤30 000	405	342
1-1-143		>30 000	432	369
1-1-144	≤20	≤10 000	369	306
1-1-145		≤20 000	396	324
1-1-146		≤25 000	414	342
1-1-147		≤30 000	437	365
1-1-148		≤35 000	459	387

结构类型:装配式混凝土结构

10

（续表）

编号	层数	地上建筑面积（m²）	工期（天）	其中：结构工期（天）
1-1-149	≤20	≤40 000	482	410
1-1-150		>40 000	504	432
1-1-151	≤24	≤20 000	423	351
1-1-152		≤25 000	441	369
1-1-153		≤30 000	468	387
1-1-154		≤35 000	495	405
1-1-155		≤40 000	522	423
1-1-156		≤45 000	549	441
1-1-157		>45 000	576	464
1-1-158	≤28	≤20 000	482	396
1-1-159		≤30 000	504	414
1-1-160		≤35 000	522	432
1-1-161		≤40 000	540	450
1-1-162		≤45 000	558	468
1-1-163		≤50 000	581	486
1-1-164		>50 000	608	513
1-1-165	≤34	≤25 000	518	428
1-1-166		≤35 000	549	455
1-1-167		≤40 000	572	473
1-1-168		≤45 000	590	491
1-1-169		≤50 000	612	509
1-1-170		≤60 000	635	531
1-1-171		>60 000	662	554
1-1-172	≤40	≤25 000	536	446
1-1-173		≤35 000	567	473
1-1-174		≤40 000	590	491
1-1-175		≤45 000	608	509
1-1-176		≤50 000	630	527
1-1-177		≤60 000	653	549
1-1-178		>60 000	680	572

二、福利院、养老院工程

结构类型:现浇钢筋混凝土结构

编号	层数	地上建筑面积(m²)	工期(天)	其中:结构工期(天)
1-1-179	≤2	≤2 000	140	95
1-1-180		≤3 000	155	110
1-1-181		≤5 000	175	125
1-1-182		>5 000	200	145
1-1-183	≤4	≤3 000	195	135
1-1-184		≤5 000	210	150
1-1-185		≤8 000	225	165
1-1-186		>8 000	240	180
1-1-187	≤6	≤5 000	235	170
1-1-188		≤8 000	250	185
1-1-189		≤10 000	265	205
1-1-190		≤15 000	285	225
1-1-191		>15 000	305	245
1-1-192	≤8	≤8 000	285	200
1-1-193		≤10 000	305	220
1-1-194		≤15 000	325	240
1-1-195		≤20 000	350	260
1-1-196		>20 000	375	280
1-1-197	≤10	≤10 000	340	250
1-1-198		≤15 000	360	270
1-1-199		≤20 000	380	285
1-1-200		≤25 000	400	305
1-1-201		>25 000	425	330
1-1-202	≤12	≤15 000	380	285
1-1-203		≤20 000	400	305
1-1-204		≤25 000	420	325
1-1-205		≤30 000	440	340
1-1-206		>30 000	460	360
1-1-207	≤16	≤20 000	440	325
1-1-208		≤25 000	460	345
1-1-209		≤30 000	490	365
1-1-210		≤40 000	510	380
1-1-211		>40 000	535	400

二、福利院、养老院工程

结构类型:现浇钢筋混凝土结构

编号	层数	地上建筑面积(m²)	工期(天)	其中:结构工期(天)
1-1-212	≤20	≤25 000	505	375
1-1-213		≤30 000	530	400
1-1-214		≤40 000	555	425
1-1-215		≤50 000	580	450
1-1-216		>50 000	605	475
1-1-217	≤24	≤25 000	555	425
1-1-218		≤30 000	580	450
1-1-219		≤40 000	605	475
1-1-220		≤50 000	630	500
1-1-221		>50 000	655	525

结构类型:装配式混凝土结构

编号	层数	地上建筑面积(m²)	工期(天)	其中:结构工期(天)
1-1-222	≤2	≤2 000	126	86
1-1-223		≤3 000	140	99
1-1-224		≤5 000	158	113
1-1-225		>5 000	180	131
1-1-226	≤4	≤3 000	176	122
1-1-227		≤5 000	189	135
1-1-228		≤8 000	203	149
1-1-229		>8 000	216	162
1-1-230	≤6	≤5 000	212	153
1-1-231		≤8 000	225	167
1-1-232		≤10 000	239	185
1-1-233		≤15 000	257	203
1-1-234		>15 000	275	221
1-1-235	≤8	≤8 000	257	180
1-1-236		≤10 000	275	198
1-1-237		≤15 000	293	216
1-1-238		≤20 000	315	234
1-1-239		>20 000	338	252
1-1-240	≤10	≤10 000	306	225
1-1-241		≤15 000	324	243
1-1-242		≤20 000	342	257
1-1-243		≤25 000	360	275
1-1-244		>25 000	383	297

(续表)

编号	层数	地上建筑面积(m²)	工期(天)	其中:结构工期(天)
1-1-245	≤12	≤15 000	342	257
1-1-246		≤20 000	360	275
1-1-247		≤25 000	378	293
1-1-248		≤30 000	396	306
1-1-249		＞30 000	414	324
1-1-250	≤16	≤20 000	396	293
1-1-251		≤25 000	414	311
1-1-252		≤30 000	441	329
1-1-253		≤40 000	459	342
1-1-254		＞40 000	482	360
1-1-255	≤20	≤25 000	455	338
1-1-256		≤30 000	477	360
1-1-257		≤40 000	500	383
1-1-258		≤50 000	522	405
1-1-259		＞50 000	545	428
1-1-260	≤24	≤25 000	500	383
1-1-261		≤30 000	522	405
1-1-262		≤40 000	545	428
1-1-263		≤50 000	567	450
1-1-264		＞50 000	590	473

三、商业建筑工程

结构类型:现浇钢筋混凝土结构

编号	层数	地上建筑面积(m²)	工期(天)	其中:结构工期(天)
1-1-265	≤4	≤3 000	190	115
1-1-266		≤5 000	205	130
1-1-267		≤8 000	220	150
1-1-268		＞8 000	235	170
1-1-269	≤6	≤5 000	240	150
1-1-270		≤8 000	260	160
1-1-271		≤10 000	280	170
1-1-272		＞10 000	305	185
1-1-273	≤8	≤8 000	275	155
1-1-274		≤10 000	295	165
1-1-275		≤15 000	320	185
1-1-276		＞15 000	350	200

编号	层数	地上建筑面积(m²)	工期(天)	其中:结构工期(天)
1-1-277	≤10	≤8 000	310	195
1-1-278		≤10 000	330	220
1-1-279		≤15 000	355	245
1-1-280		≤20 000	380	270
1-1-281		>20 000	405	290
1-1-282	≤12	≤10 000	365	235
1-1-283		≤15 000	390	260
1-1-284		≤20 000	415	275
1-1-285		≤25 000	440	290
1-1-286		>25 000	460	305
1-1-287	≤16	≤15 000	445	295
1-1-288		≤20 000	470	310
1-1-289		≤25 000	495	325
1-1-290		≤30 000	520	340
1-1-291		>30 000	540	350
1-1-292	≤20	≤20 000	530	355
1-1-293		≤25 000	555	370
1-1-294		≤30 000	580	385
1-1-295		≤35 000	605	400
1-1-296		≤40 000	625	410
1-1-297		>40 000	650	430
1-1-298	≤24	≤30 000	635	440
1-1-299		≤40 000	670	465
1-1-300		≤50 000	705	490
1-1-301		≤60 000	740	520
1-1-302		≤70 000	770	550
1-1-303		>70 000	800	685
1-1-304	≤28	≤40 000	715	500
1-1-305		≤50 000	745	520
1-1-306		≤60 000	775	540
1-1-307		≤70 000	805	560
1-1-308		≤80 000	830	580
1-1-309		>80 000	860	605
1-1-310	≤34	≤50 000	765	540
1-1-311		≤60 000	795	560
1-1-312		≤70 000	825	580

(续表)

编号	层数	地上建筑面积(m²)	工期(天)	其中:结构工期(天)
1-1-313	≤34	≤80 000	855	600
1-1-314		≤90 000	885	620
1-1-315		>90 000	925	650
1-1-316	≤40	≤50 000	790	565
1-1-317		≤60 000	820	585
1-1-318		≤70 000	850	605
1-1-319		≤80 000	880	625
1-1-320		≤90 000	910	645
1-1-321		>90 000	950	675

结构类型:装配式混凝土结构

编号	层数	地上建筑面积(m²)	工期(天)	其中:结构工期(天)
1-1-322	≤4	≤3 000	171	104
1-1-323		≤5 000	185	117
1-1-324		≤8 000	198	135
1-1-325		>8 000	212	153
1-1-326	≤6	≤5 000	216	135
1-1-327		≤8 000	234	144
1-1-328		≤10 000	252	153
1-1-329		>10 000	275	167
1-1-330	≤8	≤8 000	248	140
1-1-331		≤10 000	266	149
1-1-332		≤15 000	288	167
1-1-333		>15 000	315	180
1-1-334	≤10	≤8 000	279	176
1-1-335		≤10 000	297	198
1-1-336		≤15 000	320	221
1-1-337		≤20 000	342	243
1-1-338		>20 000	365	261
1-1-339	≤12	≤10 000	329	212
1-1-340		≤15 000	351	234
1-1-341		≤20 000	374	248
1-1-342		≤25 000	396	261
1-1-343		>25 000	414	275
1-1-344	≤16	≤15 000	401	266
1-1-345		≤20 000	423	279

编号	层数	地上建筑面积(m²)	工期(天)	其中:结构工期(天)
1-1-346	≤16	≤25 000	446	293
1-1-347		≤30 000	468	306
1-1-348		>30 000	486	315
1-1-349	≤20	≤20 000	477	320
1-1-350		≤25 000	500	333
1-1-351		≤30 000	522	347
1-1-352		≤35 000	545	360
1-1-353		≤40 000	563	369
1-1-354		>40 000	585	387
1-1-355	≤24	≤30 000	572	396
1-1-356		≤40 000	603	419
1-1-357		≤50 000	635	441
1-1-358		≤60 000	666	468
1-1-359		≤70 000	693	495
1-1-360		>70 000	720	617
1-1-361	≤28	≤40 000	644	450
1-1-362		≤50 000	671	468
1-1-363		≤60 000	698	486
1-1-364		≤70 000	725	504
1-1-365		≤80 000	747	522
1-1-366		>80 000	774	545
1-1-367	≤34	≤50 000	689	486
1-1-368		≤60 000	716	504
1-1-369		≤70 000	743	522
1-1-370		≤80 000	770	540
1-1-371		≤90 000	797	558
1-1-372		>90 000	833	585
1-1-373	≤40	≤50 000	711	509
1-1-374		≤60 000	738	527
1-1-375		≤70 000	765	545
1-1-376		≤80 000	792	563
1-1-377		≤90 000	819	581
1-1-378		>90 000	855	608

四、旅馆酒店工程

结构类型：现钢筋混凝土结构

编号	层数	地上建筑面积(m²)	工期(天)	其中：结构工期(天)
1-1-379	≤4	≤3 000	170	95
1-1-380		≤5 000	190	105
1-1-381		≤8 000	215	120
1-1-382		>8 000	240	140
1-1-383	≤6	≤5 000	220	150
1-1-384		≤8 000	245	160
1-1-385		≤10 000	260	170
1-1-386		>10 000	285	185
1-1-387	≤8	≤8 000	270	210
1-1-388		≤10 000	290	220
1-1-389		≤15 000	315	235
1-1-390		>15 000	340	260
1-1-391	≤10	≤8 000	290	225
1-1-392		≤10 000	310	235
1-1-393		≤15 000	340	250
1-1-394		>15 000	360	270
1-1-395	≤12	≤10 000	335	255
1-1-396		≤15 000	365	270
1-1-397		≤20 000	395	285
1-1-398		>20 000	425	300
1-1-399	≤16	≤15 000	420	310
1-1-400		≤20 000	450	320
1-1-401		≤25 000	480	335
1-1-402		>25 000	520	355
1-1-403	≤20	≤20 000	530	375
1-1-404		≤25 000	555	385
1-1-405		≤30 000	580	400
1-1-406		≤35 000	605	410
1-1-407		>35 000	635	435
1-1-408	≤24	≤25 000	620	440
1-1-409		≤30 000	645	455
1-1-410		≤35 000	670	470
1-1-411		≤40 000	690	485
1-1-412		≤45 000	710	500
1-1-413		>45 000	730	520

结构类型：现钢筋混凝土结构

编号	层数	地上建筑面积(m²)	工期(天)	其中:结构工期(天)
1-1-414	≤28	≤30 000	725	500
1-1-415		≤35 000	745	520
1-1-416		≤40 000	770	535
1-1-417		≤45 000	790	550
1-1-418		≤50 000	815	565
1-1-419		>50 000	840	585
1-1-420	≤34	≤35 000	770	535
1-1-421		≤40 000	790	550
1-1-422		≤45 000	815	565
1-1-423		≤50 000	840	585
1-1-424		≤55 000	865	605
1-1-425		>55 000	890	625
1-1-426	≤40	≤35 000	795	560
1-1-427		≤40 000	815	575
1-1-428		≤45 000	840	590
1-1-429		≤50 000	865	610
1-1-430		≤55 000	890	630
1-1-431		>55 000	915	650

结构类型:装配式混凝土结构

编号	层数	地上建筑面积(m²)	工期(天)	其中:结构工期(天)
1-1-432	≤4	≤3 000	153	86
1-1-433		≤5 000	171	95
1-1-434		≤8 000	194	108
1-1-435		>8 000	216	126
1-1-436	≤6	≤5 000	198	135
1-1-437		≤8 000	221	144
1-1-438		≤10 000	234	153
1-1-439		>10 000	257	167
1-1-440	≤8	≤8 000	243	189
1-1-441		≤10 000	261	198
1-1-442		≤15 000	284	212
1-1-443		>15 000	306	234
1-1-444	≤10	≤8 000	261	203
1-1-445		≤10 000	279	212
1-1-446		≤15 000	306	225
1-1-447		>15 000	324	243

(续表)

编号	层数	地上建筑面积(m²)	工期(天)	其中:结构工期(天)
1-1-448	≤12	≤10 000	302	230
1-1-449		≤15 000	329	243
1-1-450		≤20 000	356	257
1-1-451		>20 000	383	270
1-1-452	≤16	≤15 000	378	279
1-1-453		≤20 000	405	288
1-1-454		≤25 000	432	302
1-1-455		>25 000	468	320
1-1-456	≤20	≤20 000	477	338
1-1-457		≤25 000	500	347
1-1-458		≤30 000	522	360
1-1-459		≤35 000	545	369
1-1-460		>35 000	572	392
1-1-461	≤24	≤25 000	558	396
1-1-462		≤30 000	581	410
1-1-463		≤35 000	603	423
1-1-464		≤40 000	621	437
1-1-465		≤45 000	639	450
1-1-466		>45 000	657	468
1-1-467	≤28	≤30 000	653	450
1-1-468		≤35 000	671	468
1-1-469		≤40 000	693	482
1-1-470		≤45 000	711	495
1-1-471		≤50 000	734	509
1-1-472		>50 000	756	527
1-1-473	≤34	≤35 000	693	482
1-1-474		≤40 000	711	495
1-1-475		≤45 000	734	509
1-1-476		≤50 000	756	527
1-1-477		≤55 000	779	545
1-1-478		>55 000	801	563
1-1-479	≤40	≤35 000	716	504
1-1-480		≤40 000	734	518
1-1-481		≤45 000	756	531
1-1-482		≤50 000	779	549
1-1-483		≤55 000	801	567
1-1-484		>55 000	824	585

五、文化建筑工程

结构类型:现浇钢筋混凝土结构

编号	檐高(m)	地上建筑面积(m²)	工期(天)	其中:结构工期(天)
1-1-485	≤15	≤1 000	230	180
1-1-486		≤2 000	250	195
1-1-487		≤3 000	270	210
1-1-488		≤5 000	285	225
1-1-489		>5 000	310	250
1-1-490	≤30	≤2 000	290	235
1-1-491		≤3 000	315	255
1-1-492		≤5 000	340	275
1-1-493		≤8 000	370	295
1-1-494		>8 000	405	320
1-1-495	≤45	≤5 000	360	295
1-1-496		≤8 000	390	320
1-1-497		≤10 000	415	340
1-1-498		≤20 000	445	370
1-1-499		>20 000	475	400
1-1-500	≤60	≤10 000	440	365
1-1-501		≤20 000	475	390
1-1-502		≤30 000	510	420
1-1-503		≤50 000	570	460
1-1-504		>50 000	620	495

结构类型:装配式混凝土结构

编号	檐高(m)	地上建筑面积(m²)	工期(天)	其中:结构工期(天)
1-1-505	≤15	≤1 000	207	162
1-1-506		≤2 000	225	176
1-1-507		≤3 000	243	189
1-1-508		≤5 000	257	203
1-1-509		>5 000	279	225
1-1-510	≤30	≤2 000	261	212
1-1-511		≤3 000	284	230
1-1-512		≤5 000	306	248
1-1-513		≤8 000	333	266
1-1-514		>8 000	365	288

(续表)

编号	檐高(m)	地上建筑面积(m²)	工期(天)	其中:结构工期(天)
1-1-515		≤5 000	324	266
1-1-516		≤8 000	351	288
1-1-517	≤45	≤10 000	374	306
1-1-518		≤20 000	401	333
1-1-519		>20 000	428	360
1-1-520		≤10 000	396	329
1-1-521		≤20 000	428	351
1-1-522	≤60	≤30 000	459	378
1-1-523		≤50 000	513	414
1-1-524		>50 000	558	446

六、卫生建筑工程

结构类型:现浇钢筋混凝土结构

编号	层数	地上建筑面积(m²)	工期(天)	其中:结构工期(天)
1-1-525		≤3 000	210	150
1-1-526	≤4	≤5 000	225	160
1-1-527		≤8 000	240	170
1-1-528		>8 000	265	190
1-1-529		≤5 000	260	185
1-1-530	≤6	≤8 000	280	200
1-1-531		≤10 000	300	215
1-1-532		>10 000	320	235
1-1-533		≤8 000	305	215
1-1-534	≤8	≤10 000	325	230
1-1-535		≤15 000	350	255
1-1-536		>15 000	375	275
1-1-537		≤10 000	355	260
1-1-538	≤10	≤15 000	380	280
1-1-539		≤20 000	405	300
1-1-540		>20 000	435	325
1-1-541		≤15 000	415	310
1-1-542		≤20 000	440	330
1-1-543	≤12	≤25 000	465	350
1-1-544		≤35 000	505	390
1-1-545		>35 000	545	430

22

编号	层数	地上建筑面积（m²）	工期（天）	其中:结构工期（天）
1-1-546	≤16	≤20 000	485	360
1-1-547		≤25 000	515	380
1-1-548		≤30 000	545	400
1-1-549		≤40 000	600	435
1-1-550		>40 000	640	475
1-1-551	≤20	≤25 000	575	420
1-1-552		≤30 000	605	440
1-1-553		≤35 000	635	460
1-1-554		≤45 000	690	505
1-1-555		>45 000	725	540
1-1-556	≤24	≤30 000	665	485
1-1-557		≤35 000	695	505
1-1-558		≤40 000	720	520
1-1-559		≤50 000	780	555
1-1-560		>50 000	810	585
1-1-561	≤28	≤35 000	755	550
1-1-562		≤40 000	775	560
1-1-563		≤45 000	795	575
1-1-564		≤50 000	820	590
1-1-565		≤60 000	880	640
1-1-566		>60 000	910	670

结构类型:装配式混凝土结构

编号	层数	地上建筑面积（m²）	工期（天）	其中:结构工期（天）
1-1-567	≤4	≤3 000	189	135
1-1-568		≤5 000	203	144
1-1-569		≤8 000	216	153
1-1-570		>8 000	239	171
1-1-571	≤6	≤5 000	234	167
1-1-572		≤8 000	252	180
1-1-573		≤10 000	270	194
1-1-574		>10 000	288	212
1-1-575	≤8	≤8 000	275	194
1-1-576		≤10 000	293	207
1-1-577		≤15 000	315	230
1-1-578		>15 000	338	248

(续表)

编号	层数	地上建筑面积(m²)	工期(天)	其中:结构工期(天)
1-1-579	≤10	≤10 000	320	234
1-1-580		≤15 000	342	252
1-1-581		≤20 000	365	270
1-1-582		>20 000	392	293
1-1-583	≤12	≤15 000	374	279
1-1-584		≤20 000	396	297
1-1-585		≤25 000	419	315
1-1-586		≤35 000	455	351
1-1-587		>35 000	491	387
1-1-588	≤16	≤20 000	437	324
1-1-589		≤25 000	464	342
1-1-590		≤30 000	491	360
1-1-591		≤40 000	540	392
1-1-592		>40 000	576	428
1-1-593	≤20	≤25 000	518	378
1-1-594		≤30 000	545	396
1-1-595		≤35 000	572	414
1-1-596		≤45 000	621	455
1-1-597		>45 000	653	486
1-1-598	≤24	≤30 000	599	437
1-1-599		≤35 000	626	455
1-1-600		≤40 000	648	468
1-1-601		≤50 000	702	500
1-1-602		>50 000	729	527
1-1-603	≤28	≤35 000	680	495
1-1-604		≤40 000	698	504
1-1-605		≤45 000	716	518
1-1-606		≤50 000	738	531
1-1-607		≤60 000	792	576
1-1-608		>60 000	819	603

七、办公建筑工程

结构类型:现浇钢筋混凝土结构

编号	层数	地上建筑面积(m²)	工期(天)	其中:结构工期(天)
1-1-609	≤6	≤3 000	225	140
1-1-610		≤5 000	245	155

编号	层数	地上建筑面积(m²)	工期(天)	其中:结构工期(天)
1-1-611	≤6	≤8 000	270	165
1-1-612		≤10 000	285	180
1-1-613		>10 000	310	195
1-1-614	≤8	≤5 000	275	185
1-1-615		≤10 000	300	200
1-1-616		≤15 000	325	220
1-1-617		>15 000	350	240
1-1-618	≤10	≤10 000	335	225
1-1-619		≤15 000	355	235
1-1-620		≤20 000	375	250
1-1-621		>20 000	395	270
1-1-622	≤12	≤10 000	355	240
1-1-623		≤15 000	380	255
1-1-624		≤20 000	400	270
1-1-625		≤25 000	420	285
1-1-626		>25 000	450	305
1-1-627	≤16	≤15 000	430	300
1-1-628		≤20 000	455	315
1-1-629		≤25 000	480	330
1-1-630		≤30 000	505	345
1-1-631		>30 000	535	365
1-1-632	≤20	≤20 000	515	360
1-1-633		≤25 000	535	380
1-1-634		≤30 000	560	395
1-1-635		≤35 000	585	410
1-1-636		≤40 000	610	430
1-1-637		>40 000	635	455
1-1-638	≤24	≤30 000	585	440
1-1-639		≤35 000	605	455
1-1-640		≤40 000	625	470
1-1-641		≤50 000	650	485
1-1-642		>50 000	680	500
1-1-643	≤28	≤35 000	660	495
1-1-644		≤40 000	680	510
1-1-645		≤50 000	710	530
1-1-646		≤60 000	740	545
1-1-647		>60 000	770	565

(续表)

编号	层数	地上建筑面积(m²)	工期(天)	其中:结构工期(天)
1-1-648		≤40 000	715	550
1-1-649		≤50 000	745	565
1-1-650	≤34	≤60 000	775	580
1-1-651		≤70 000	805	595
1-1-652		>70 000	835	615
1-1-653		≤40 000	740	575
1-1-654		≤50 000	770	590
1-1-655	≤40	≤60 000	800	605
1-1-656		≤70 000	830	620
1-1-657		>70 000	860	640

结构类型:装配式混凝土结构

编号	层数	地上建筑面积(m²)	工期(天)	其中:结构工期(天)
1-1-658		≤3 000	203	126
1-1-659		≤5 000	221	140
1-1-660	≤6	≤8 000	243	149
1-1-661		≤10 000	257	162
1-1-662		>10 000	279	176
1-1-663		≤5 000	248	167
1-1-664		≤10 000	270	180
1-1-665	≤8	≤15 000	293	198
1-1-666		>15 000	315	216
1-1-667		≤10 000	302	203
1-1-668		≤15 000	320	212
1-1-669	≤10	≤20 000	338	225
1-1-670		>20 000	356	243
1-1-671		≤10 000	320	216
1-1-672		≤15 000	342	230
1-1-673	≤12	≤20 000	360	243
1-1-674		≤25 000	378	257
1-1-675		>25 000	405	275
1-1-676		≤15 000	387	270
1-1-677		≤20 000	410	284
1-1-678	≤16	≤25 000	432	297
1-1-679		≤30 000	455	311
1-1-680		>30 000	482	329

编号	层数	地上建筑面积(m²)	工期(天)	其中:结构工期(天)
1-1-681	≤20	≤20 000	464	324
1-1-682		≤25 000	482	342
1-1-683		≤30 000	504	356
1-1-684		≤35 000	527	369
1-1-685		≤40 000	549	387
1-1-686		>40 000	572	410
1-1-687	≤24	≤30 000	527	396
1-1-688		≤35 000	545	410
1-1-689		≤40 000	563	423
1-1-690		≤50 000	585	437
1-1-691		>50 000	612	450
1-1-692	≤28	≤35 000	594	446
1-1-693		≤40 000	612	459
1-1-694		≤50 000	639	477
1-1-695		≤60 000	666	491
1-1-696		>60 000	693	509
1-1-697	≤34	≤40 000	644	495
1-1-698		≤50 000	671	509
1-1-699		≤60 000	698	522
1-1-700		≤70 000	725	536
1-1-701		>70 000	752	554
1-1-702	≤40	≤40 000	666	518
1-1-703		≤50 000	693	531
1-1-704		≤60 000	720	545
1-1-705		≤70 000	747	558
1-1-706		>70 000	774	576

八、科研建筑工程

结构类型:现浇钢筋混凝土结构

编号	层数	地上建筑面积(m²)	工期(天)	其中:结构工期(天)
1-1-707	≤4	≤2 000	205	145
1-1-708		≤3 000	220	155
1-1-709		≤5 000	235	165
1-1-710		>5 000	255	180

（续表）

编号	层数	地上建筑面积（m²）	工期（天）	其中：结构工期（天）
1-1-711	≤6	≤3 000	250	170
1-1-712		≤5 000	270	190
1-1-713		≤8 000	290	205
1-1-714		≤10 000	310	220
1-1-715		>10 000	330	240
1-1-716	≤8	≤5 000	315	220
1-1-717		≤10 000	345	240
1-1-718		≤15 000	370	265
1-1-719		>15 000	395	285
1-1-720	≤10	≤10 000	375	270
1-1-721		≤15 000	400	290
1-1-722		≤20 000	425	310
1-1-723		>20 000	455	335
1-1-724	≤12	≤15 000	435	320
1-1-725		≤20 000	460	340
1-1-726		≤25 000	485	360
1-1-727		>25 000	515	380
1-1-728	≤16	≤20 000	510	375
1-1-729		≤25 000	540	395
1-1-730		≤30 000	570	415
1-1-731		>30 000	605	440
1-1-732	≤20	≤25 000	600	435
1-1-733		≤30 000	630	455
1-1-734		≤35 000	660	475
1-1-735		>35 000	695	500
1-1-736	≤24	≤30 000	695	505
1-1-737		≤35 000	725	525
1-1-738		≤40 000	750	540
1-1-739		>40 000	780	555
1-1-740	≤28	≤35 000	795	575
1-1-741		≤40 000	815	585
1-1-742		≤45 000	835	600
1-1-743		≤50 000	860	615
1-1-744		>50 000	890	635

九、教学建筑工程

结构类型:现浇钢筋混凝土结构

编号	层数	地上建筑面积(m²)	工期(天)	其中:结构工期(天)
1-1-745	≤3	≤3 000	149	90
1-1-746		≤5 000	158	95
1-1-747		≤8 000	171	104
1-1-748		≤10 000	180	113
1-1-749		≤15 000	198	126
1-1-750		>15 000	216	144
1-1-751	≤6	≤5 000	194	113
1-1-752		≤10 000	221	140
1-1-753		≤15 000	239	153
1-1-754		≤20 000	257	167
1-1-755		>20 000	284	180
1-1-756	≤10	≤8 000	275	167
1-1-757		≤10 000	288	176
1-1-758		≤15 000	311	189
1-1-759		≤20 000	333	203
1-1-760		≤25 000	356	216
1-1-761		>25 000	378	230
1-1-762	≤12	≤10 000	311	185
1-1-763		≤15 000	333	198
1-1-764		≤20 000	356	212
1-1-765		≤25 000	378	225
1-1-766		≤30 000	401	239
1-1-767		>30 000	432	257
1-1-768	≤16	≤15 000	383	225
1-1-769		≤20 000	405	239
1-1-770		≤25 000	428	252
1-1-771		≤30 000	450	266
1-1-772		≤35 000	473	279
1-1-773		>35 000	500	297
1-1-774	≤20	≤20 000	473	284
1-1-775		≤25 000	500	297
1-1-776		≤30 000	527	315
1-1-777		≤35 000	554	333
1-1-778		≤40 000	581	356
1-1-779		>40 000	608	378

结构类型:装配式混凝土结构

编号	层数	地上建筑面积(m²)	工期(天)	其中:结构工期(天)
1-1-780	≤3	≤3 000	140	90
1-1-781		≤5 000	150	95
1-1-782		≤8 000	165	108
1-1-783		≤10 000	175	115
1-1-784		≤15 000	195	125
1-1-785		>15 000	215	150
1-1-786	≤6	≤5 000	195	110
1-1-787		≤10 000	215	140
1-1-788		≤15 000	235	155
1-1-789		≤20 000	255	170
1-1-790		>20 000	280	185
1-1-791	≤10	≤8 000	265	165
1-1-792		≤10 000	275	175
1-1-793		≤15 000	295	190
1-1-794		≤20 000	315	205
1-1-795		≤25 000	335	220
1-1-796		>25 000	360	235
1-1-797	≤12	≤10 000	300	190
1-1-798		≤15 000	320	205
1-1-799		≤20 000	340	220
1-1-800		≤25 000	360	235
1-1-801		≤30 000	380	250
1-1-802		>30 000	410	265
1-1-803	≤16	≤15 000	380	235
1-1-804		≤20 000	400	250
1-1-805		≤25 000	420	265
1-1-806		≤30 000	440	280
1-1-807		≤35 000	460	295
1-1-808		>35 000	485	315
1-1-809	≤20	≤20 000	450	290
1-1-810		≤25 000	470	305
1-1-811		≤30 000	490	320
1-1-812		≤35 000	510	335
1-1-813		≤40 000	530	350
1-1-814		>40 000	555	380

结构类型:装配式混凝土结构

十、体育建筑工程

结构类型:现浇钢筋混凝土结构

编号	檐高(m)	地上建筑面积(m²)	工期(天)	其中:结构工期(天)
1-1-815	≤30	≤3 000	445	290
1-1-816		≤5 000	470	310
1-1-817		≤7 000	505	325
1-1-818		≤10 000	550	345
1-1-819		≤15 000	590	370
1-1-820		>15 000	635	400
1-1-821	≤45	≤5 000	525	340
1-1-822		≤7 000	570	360
1-1-823		≤10 000	600	375
1-1-824		≤15 000	640	400
1-1-825		≤20 000	680	420
1-1-826		≤30 000	725	450
1-1-827		≤50 000	770	475
1-1-828		>50 000	820	500
1-1-829	≤60	≤10 000	655	435
1-1-830		≤30 000	770	485
1-1-831		≤50 000	850	540
1-1-832		>50 000	905	600

十一、交通建筑工程

结构类型:现浇钢筋混凝土结构

编号	檐高(m)	地上建筑面积(m²)	工期(天)	其中:结构工期(天)
1-1-833	≤30	≤3 000	455	275
1-1-834		≤5 000	490	285
1-1-835		≤7 000	520	305
1-1-836		≤10 000	560	320
1-1-837		≤15 000	600	350
1-1-838		>15 000	645	375
1-1-839	≤45	≤5 000	530	325
1-1-840		≤7 000	570	340
1-1-841		≤10 000	605	360
1-1-842		≤15 000	645	390
1-1-843		≤20 000	685	410

(续表)

编号	檐高(m)	地上建筑面积(m²)	工期(天)	其中:结构工期(天)
1-1-844		≤30 000	730	430
1-1-845	≤45	≤50 000	775	455
1-1-846		>50 000	825	475
1-1-847		≤10 000	665	415
1-1-848	≤60	≤30 000	800	460
1-1-849		≤50 000	855	510
1-1-850		>50 000	910	575

(续表)

第三节　±0.00 以上钢结构工程

一、住宅工程

编号	层数	地上建筑面积(m²)	工期(天)	其中:结构工期(天)
1-1-851	≤6	≤3 000	143	100
1-1-852		≤6 000	157	110
1-1-853		≤8 000	170	125
1-1-854		≤10 000	185	138
1-1-855		>10 000	205	152
1-1-856	≤8	≤5 000	175	125
1-1-857		≤8 000	185	133
1-1-858		≤10 000	200	147
1-1-859		≤15 000	215	162
1-1-860		>15 000	233	180
1-1-861	≤10	≤8 000	195	143
1-1-862		≤10 000	210	157
1-1-863		≤15 000	228	175
1-1-864		≤20 000	247	195
1-1-865		>20 000	270	223
1-1-866	≤12	≤10 000	233	175
1-1-867		≤15 000	247	190
1-1-868		≤20 000	265	210
1-1-869		≤25 000	285	228
1-1-870		>25 000	310	247
1-1-871	≤16	≤10 000	255	205
1-1-872		≤15 000	270	215
1-1-873		≤20 000	290	230
1-1-874		≤25 000	310	250
1-1-875		≤30 000	325	265
1-1-876		>30 000	355	290
1-1-877	≤20	≤10 000	300	235
1-1-878		≤20 000	315	250
1-1-879		≤25 000	333	265
1-1-880		≤30 000	352	285
1-1-881		≤35 000	375	310

(续表)

编号	层数	地上建筑面积(m²)	工期(天)	其中:结构工期(天)
1-1-882	≤20	≤40 000	405	337
1-1-883		>40 000	437	360
1-1-884	≤24	≤20 000	340	270
1-1-885		≤25 000	360	285
1-1-886		≤30 000	380	305
1-1-887		≤35 000	405	328
1-1-888		≤40 000	432	355
1-1-889		≤45 000	460	385
1-1-890		>45 000	490	405
1-1-891	≤28	≤20 000	380	290
1-1-892		≤30 000	410	315
1-1-893		≤35 000	432	342
1-1-894		≤40 000	460	370
1-1-895		≤45 000	490	400
1-1-896		≤50 000	518	428
1-1-897		>50 000	550	450
1-1-898	≤34	≤25 000	425	330
1-1-899		≤30 000	445	350
1-1-900		≤35 000	470	375
1-1-901		≤40 000	500	405
1-1-902		≤45 000	528	433
1-1-903		≤50 000	555	460
1-1-904		>50 000	590	480

二、体育场

编号	檐高(m)	地上建筑面积(m²)	工期(天)	其中:结构工期(天)
1-1-905	≤40	≤10 000	518	210
1-1-906		≤30 000	603	228
1-1-907		≤50 000	690	252
1-1-908		>50 000	775	280
1-1-909	>40	≤10 000	585	247
1-1-910		≤30 000	670	265
1-1-911		≤50 000	755	290
1-1-912		>50 000	840	318

三、文化建筑

编号	檐高（m）	地上建筑面积（m²）	工期（天）	其中:结构工期（天）
1-1-913	≤15	≤8 000	233	175
1-1-914		≤16 000	295	223
1-1-915		≤24 000	355	270
1-1-916		≤32 000	418	318
1-1-917		≤40 000	475	355
1-1-918		≤48 000	527	395
1-1-919		≤56 000	570	423
1-1-920		＞56 000	608	455
1-1-921	≤30	≤48 000	595	447
1-1-922		≤56 000	632	475
1-1-923		≤64 000	670	505
1-1-924		≤72 000	708	532
1-1-925		≤80 000	745	560
1-1-926		≤96 000	812	608
1-1-927		≤100 000	845	632
1-1-928		＞100 000	893	670
1-1-929	≤45	≤80 000	830	622
1-1-930		≤96 000	893	670
1-1-931		≤100 000	955	717
1-1-932		≤105 000	993	745
1-1-933		≤110 000	1 040	780
1-1-934		≤120 000	1 078	808
1-1-935		≤130 000	1 115	835
1-1-936		＞130 000	1 160	870
1-1-937	≤60	≤110 000	1 192	893
1-1-938		≤120 000	1 230	922
1-1-939		≤130 000	1 268	950
1-1-940		≤135 000	1 287	965
1-1-941		≤145 000	1 325	993
1-1-942		≤150 000	1 363	1 020
1-1-943		≤160 000	1 405	1 055
1-1-944		＞160 000	1 458	1 093

四、交通建筑

编号	檐高(m)	地上建筑面积(m²)	工期(天)	其中:结构工期(天)
1-1-945	≤40	≤10 000	520	205
1-1-946		≤20 000	605	220
1-1-947		≤50 000	690	240
1-1-948		≤100 000	810	280
1-1-949		≤200 000	930	330
1-1-950		≤400 000	1 050	390
1-1-951		≤600 000	1 170	450
1-1-952		>600 000	1 300	500
1-1-953	>40	≤20 000	670	280
1-1-954		≤50 000	775	300
1-1-955		≤100 000	885	340
1-1-956		≤200 000	1 000	390
1-1-957		≤400 000	1 120	450
1-1-958		≤600 000	1 250	510
1-1-959		>600 000	1 380	560

第四节　±0.00以上超高层建筑工程

结构类型:框架核心筒结构

编号	层数	单层平均建筑面积(m²)	工期(天)	其中:结构工期(天)
1-1-960	40以上50以下	2 000以内	825	495
1-1-961		2 500以内	845	510
1-1-962		3 000以内	865	525
1-1-963		3 000以外	885	540
1-1-964	≤60	2 000以内	915	545
1-1-965		2 500以内	935	560
1-1-966		3 000以内	955	575
1-1-967		3 000以外	975	590
1-1-968	≤70	2 000以内	1 015	605
1-1-969		2 500以内	1 040	620
1-1-970		3 000以内	1 065	635
1-1-971		3 000以外	1 090	650
1-1-972	≤80	2 000以内	1 115	670
1-1-973		2 500以内	1 140	685
1-1-974		3 000以内	1 165	705
1-1-975		3 000以外	1 190	725
1-1-976	≤90	2 000以内	1 220	735
1-1-977		2 500以内	1 250	755
1-1-978		3 000以内	1 280	770
1-1-979		3 000以外	1 310	785
1-1-980	≤100	2 000以内	1 330	800
1-1-981		2 500以内	1 360	820
1-1-982		3 000以内	1 390	840
1-1-983		3 000以外	1 420	865
1-1-984	>100	2 000以内	1 450	880
1-1-985		2 500以内	1 510	910
1-1-986		3 000以内	1 590	970
1-1-987		3 000以外	1 680	1 090

第二章 工业及其他建筑工程

说　明

一、本章包括厂房工程,仓库工程,冷库、冷藏间工程,汽车库工程,室外停车场、广场工程,垃圾分类处理设施建筑工程,其他建筑工程。

二、本章所列的工期天数均不含地下室工期,地下室工期执行第一章相应子目乘以系数0.8。

三、工业及其他建筑工程施工内容包括基础、结构、装修和设备安装等全部工程内容。

四、本部分厂房指加工、装配、五金、一般纺织、电子、服装及无特殊要求的装配车间。

五、单层厂房的主跨高度以9 m为准,高度在9 m以上时,每增加2 m增加工期10天,不足2 m者不增加工期。

多层厂房层高在4.5 m以上时,每增加1 m增加工期5天,不足1 m者不增加工期,每层单独计取后累加。

厂房主跨高度指自室外地坪至檐口的高度。

六、单层厂房的设备基础体积超过100 m³时,另增加工期10天;超过500 m³时,另增加工期15天;超过1 000 m³时,另增加工期20天。带钢筋混凝土隔振沟的设备基础,隔振沟长度超过100 m时,另增加工期10天;超过200 m时,另增加工期15天;超过500 m时,另增加工期20天。

七、冷库工程工期不适用于山洞冷库、地下冷库和装配式冷库工程。

八、带站台的仓库(不含冷库工程),单项(位)工程工期按本定额中仓库相应子目乘以系数1.15计算。

第一节 厂 房 工 程

结构类型：钢结构

编号	层数	建筑面积（m²）	工期（天）
1-2-1	1	≤5 000	160
1-2-2		≤10 000	185
1-2-3		≤15 000	210
1-2-4		≤20 000	235
1-2-5		≤25 000	260
1-2-6		＞25 000	290
1-2-7	2～3	≤5 000	255
1-2-8		≤10 000	290
1-2-9		≤15 000	325
1-2-10		≤20 000	360
1-2-11		＞25 000	395
1-2-12		≤30 000	425
1-2-13		＞30 000	460

结构类型：钢筋混凝土结构

编号	层数	建筑面积（m²）	工期（天）
1-2-14	1	≤3 000	195
1-2-15		≤5 000	210
1-2-16		≤10 000	240
1-2-17		≤15 000	270
1-2-18		≤20 000	295
1-2-19		≤25 000	320
1-2-20		≤30 000	350
1-2-21		＞30 000	380
1-2-22	2～3	≤3 000	200
1-2-23		≤5 000	220
1-2-24		≤10 000	265
1-2-25		≤15 000	310
1-2-26		≤20 000	345
1-2-27		≤30 000	390
1-2-28		＞30 000	420

(续表)

编号	层数	建筑面积(m²)	工期(天)
1-2-29	4	≤5 000	240
1-2-30		≤10 000	280
1-2-31		≤15 000	320
1-2-32		≤20 000	360
1-2-33		≤30 000	400
1-2-34		>30 000	445
1-2-35	5	≤10 000	305
1-2-36		≤15 000	340
1-2-37		≤20 000	380
1-2-38		≤30 000	450
1-2-39		≤40 000	505
1-2-40		>40 000	540
1-2-41	6	≤10 000	325
1-2-42		≤15 000	355
1-2-43		≤20 000	385
1-2-44		≤30 000	450
1-2-45		≤40 000	520
1-2-46		>40 000	550
1-2-47	7	≤15 000	380
1-2-48		≤20 000	410
1-2-49		≤30 000	470
1-2-50		≤40 000	540
1-2-51		≤50 000	610
1-2-52		>50 000	650
1-2-53	8	≤20 000	435
1-2-54		≤30 000	495
1-2-55		≤40 000	560
1-2-56		≤50 000	630
1-2-57		>50 000	670

第二节　仓库工程

结构类型：钢结构

编号	层数	建筑面积(m²)	工期(天)
1-2-58	1	≤5 000	145
1-2-59		≤10 000	170
1-2-60		≤15 000	195
1-2-61		≤20 000	220
1-2-62		≤25 000	245
1-2-63		>25 000	275
1-2-64	2～3	≤5 000	250
1-2-65		≤10 000	285
1-2-66		≤15 000	320
1-2-67		≤20 000	355
1-2-68		≤25 000	390
1-2-69		≤30 000	425
1-2-70		≤40 000	470
1-2-71		>40 000	510

结构类型：钢筋混凝土结构

编号	层数	建筑面积(m²)	工期(天)
1-2-72	1	≤1 000	120
1-2-73		≤3 000	150
1-2-74		≤5 000	175
1-2-75		≤10 000	220
1-2-76		>10 000	250
1-2-77	2	≤3 000	180
1-2-78		≤5 000	200
1-2-79		≤10 000	245
1-2-80		≤15 000	295
1-2-81		>15 000	325
1-2-82	3	≤5 000	225
1-2-83		≤10 000	260
1-2-84		≤15 000	295
1-2-85		≤20 000	335
1-2-86		>20 000	370

（续表）

编号	层数	建筑面积（m²）	工期（天）
1-2-87	4	≤5 000	240
1-2-88		≤10 000	275
1-2-89		≤15 000	315
1-2-90		≤20 000	345
1-2-91		≤25 000	385
1-2-92		＞25 000	420
1-2-93	5	≤10 000	300
1-2-94		≤15 000	335
1-2-95		≤20 000	370
1-2-96		≤30 000	430
1-2-97		＞30 000	465
1-2-98	6	≤10 000	320
1-2-99		≤15 000	350
1-2-100		≤20 000	380
1-2-101		≤30 000	440
1-2-102		≤40 000	500
1-2-103		＞40 000	540

第三节　冷库、冷藏间工程

结构类型：钢筋混凝土结构

编号	层数	建筑面积（m²）	工期（天）
1-2-104	1	≤1 000	175
1-2-105		≤2 000	190
1-2-106		≤3 000	210
1-2-107		≤5 000	230
1-2-108		≤10 000	270
1-2-109		＞10 000	300
1-2-110	2～3	≤2 000	225
1-2-111		≤5 000	250
1-2-112		≤10 000	290
1-2-113		≤15 000	330
1-2-114		≤20 000	370
1-2-115		＞20 000	410
1-2-116	4	≤3 000	260
1-2-117		≤5 000	285
1-2-118		≤10 000	320
1-2-119		≤15 000	350
1-2-120		≤20 000	380
1-2-121		＞20 000	410
1-2-122	5	≤5 000	315
1-2-123		≤10 000	345
1-2-124		≤15 000	375
1-2-125		≤20 000	405
1-2-126		＞20 000	440
1-2-127	6	≤10 000	365
1-2-128		≤15 000	395
1-2-129		≤20 000	425
1-2-130		＞20 000	450
1-2-131	7	≤15 000	420
1-2-132		≤20 000	450
1-2-133		＞20 000	480
1-2-134	8	≤20 000	465
1-2-135		＞20 000	495

第四节　汽车库工程

结构类型:钢筋混凝土结构

编号	层数	建筑面积(m²)	工期(天)
1-2-136	1	≤1 000	80
1-2-137		≤2 000	95
1-2-138		≤3 000	115
1-2-139		≤5 000	135
1-2-140		>5 000	155
1-2-141	2	≤2 000	115
1-2-142		≤3 000	135
1-2-143		≤5 000	155
1-2-144		≤8 000	180
1-2-145		≤10 000	200
1-2-146		>10 000	220
1-2-147	3	≤5 000	190
1-2-148		≤8 000	205
1-2-149		≤10 000	220
1-2-150		≤15 000	250
1-2-151		>15 000	270
1-2-152	4	≤8 000	230
1-2-153		≤10 000	245
1-2-154		≤15 000	280
1-2-155		≤20 000	315
1-2-156		>20 000	340
1-2-157	5	≤10 000	255
1-2-158		≤15 000	280
1-2-159		≤20 000	305
1-2-160		≤25 000	330
1-2-161		>25 000	360
1-2-162	6	≤15 000	295
1-2-163		≤20 000	320
1-2-164		≤25 000	340
1-2-165		≤30 000	365
1-2-166		>30 000	390

第五节 室外停车场、广场工程

编号	面积(m²)	面层	结构层厚度	工期(天)
1-2-167	≤2 000	柔性面层	≤40	35
1-2-168			>40	45
1-2-169		刚性面层	≤40	40
1-2-170			>40	50
1-2-171	≤5 000	柔性面层	≤40	40
1-2-172			>40	50
1-2-173		刚性面层	≤40	50
1-2-174			>40	55
1-2-175	>5 000	柔性面层	≤40	50
1-2-176			>40	60
1-2-177		刚性面层	≤40	60
1-2-178			>40	70

第六节　垃圾分类处理设施建筑工程

结构类型:钢筋混凝土结构

编号	层数	建筑面积(m²)	工期(天)
1-2-179	1	≤2 000	165
1-2-180		≤5 000	195
1-2-181		≤8 000	220
1-2-182		≤10 000	240
1-2-183		>10 000	265
1-2-184	2	≤3 000	225
1-2-185		≤5 000	255
1-2-186		≤8 000	285
1-2-187		≤10 000	310
1-2-188		>10 000	335

第七节　其他建筑工程

编号	建筑面积（m²）	工期（天）
1-2-189	≤200	60
1-2-190	≤500	90
1-2-191	≤1 000	125
1-2-192	≤2 000	155
1-2-193	＞2 000	180

第三章 专 业 工 程

说 明

一、本章包括机械土方工程、桩基工程、基坑支护工程、基坑降水工程、基坑加固工程、幕墙工程、装饰装修工程、设备安装工程和电梯工程。

二、机械土方工程工期按不同挖深、土方量列项,包含土方开挖和运输。机械土方工程的开工日期以基槽开挖开始计算,工期计算考虑连续开挖,不包括开工前的准备工作时间及支撑施工时间。

机械土方工程工期按单台机械作业编制,采用多台机械同时作业时,乘以表1-3-1中相应系数计算工期。

表1-3-1 机械土方工程多台机械同时作业工期系数

挖深(m)	挖土机台数	
	2台	3台及以上
≤5	0.6	0.45
≤10	0.7	0.5
>10	0.8	0.55

三、桩基工程工期依据不同土的类别条件编制,土的分类参照《房屋建筑与装饰工程工程量计算规范》(GB 50854—2013),见表1-3-2。

表1-3-2 土的分类

土的分类	土的名称
Ⅰ、Ⅱ类土	粉土、砂土(粉砂、细砂中砂、粗砂、砾砂)、粉质黏土、弱中盐渍土、软土(淤泥质土、泥炭、泥炭质土)、软塑红黏土、冲填土
Ⅲ类土	黏土、碎石土(圆砾、角砾)混合土、可塑红黏土、硬塑红黏土、强盐渍土、素填土、压实填土
Ⅳ类土	碎石土(卵石、碎石、漂石、块石)、坚硬红黏土、超盐渍土、杂填土

(一)打桩开工日期以第一根桩开始计算,包括桩的现场搬运、就位、打桩、压桩、接桩、送桩和钢筋笼制作安装等工作内容;不包括施工准备、机械进出场、试桩和检验检测时间。

(二)预制桩的工期不区分施工工艺,均按桩深和工程量计算。

(三)桩基工程工期按单台机械作业编制,采用多台机械同时作业时,乘以表1-3-3中相应系数计算工期。

表1-3-3 桩基工程多台机械同时作业工期系数

桩深(m)	桩机台数	
	2台	3台及以上
≤40	0.6	0.45
>40	0.7	0.5

同一工程采用不同施工方式同时作业时,各自计算工期取最大值。

四、基坑支护工程

（一）基坑支护包括钢筋混凝土灌注桩、型钢水泥土搅拌墙支护和地下连续墙。

（二）基坑支护工期不包括施工准备、机械进场、试桩及检验检测时间。

（三）基坑支护工程工期按单台机械作业编制，采用多台机械同时作业时，乘以表1-3-4中相应系数计算工期。

表1-3-4 基坑支护工程多台机械同时作业工期系数

挖深（m）	钻机台数	
	2台	3台及以上
≤10	0.6	0.45
≤20	0.7	0.5
≤30	0.8	0.55

五、基坑降水工程

（一）基坑降水工程包括管井降水工程和轻型井点降水工程。

（二）基坑降水工程工期指包括降水井成井、井管安装、安装降排水设施及调试等时间，不包括施工准备、机械进场、降水周期抽排水时间。

（三）降水工程工期按单台机械作业编制，采用多台机械同时作业时，乘以表1-3-5和表1-3-6中相应系数计算工期。

表1-3-5 管井降水工程多台机械同时作业工期系数

挖深（m）	钻机台数	
	2台	3台及以上
≤10	0.6	0.45
≤20	0.7	0.5
≤30	0.8	0.55

表1-3-6 轻型井点降水工程多台机械同时作业工期系数

钻机台数	2台	3台及以上
系数	0.6	0.45

六、基坑加固工程

（一）基坑加固工程主要包括注浆法和高压旋喷注浆法。

（二）基坑加固工程工期指基坑加固工程开始至完成本项工作为止，不包括施工准备、机械进场及检测、材料检验时间。

（三）基坑加固工程工期按单台机械作业编制，采用多台机械同时作业时，乘以表1-3-7中相应系数计算工期。

表1-3-7 基坑加固工程多台机械同时作业工期系数

挖深（m）	钻机台数	
	2台	3台及以上
≤10	0.6	0.45
≤20	0.7	0.5
≤30	0.8	0.55

七、幕墙工程

（一）幕墙工程包括构件式和单元式/装配式两种结构形式，按幕墙高度、幕墙装修面积进行计算。工期自幕墙工程转接件施工之日起至幕墙封闭之日止，按连续施工计算，不考虑外部因素的影响。

（二）幕墙工程高度超过 250 m，可按相应面积每百米级差天数增加工期或专项方案论证工期。

（三）幕墙根据用途、材质和构建等的不同，分别乘以下难度系数：

1. 只有装饰功能的幕墙项目工期，根据对应幕墙种类工期乘以系数 0.85 计算。

2. 点支幕墙和吊挂全玻璃幕墙工期，按构件式幕墙工期乘以系数 0.9 计算。

3. 曲面幕墙、斜面幕墙工期，根据对应幕墙种类工期乘以系数 1.1 计算。

4. 双层幕墙、光电幕墙和节能幕墙工期，根据对应幕墙种类工期乘以系数 1.2 计算。

5. 异型分格较多、线条较复杂的构件幕墙工期，按构件式幕墙工期乘以系数 1.2 计算。

八、装饰装修工程

（一）装饰装修工程工期指开始施工至完成相应工作内容，达到国家和上海市验收标准之日止的日历天数。

（二）室内装饰装修工程内容包括建筑物内的楼地面、天棚、墙柱面、室内门窗、轻质隔墙、隔断、固定家具、室内装修有关基层处理、装修相关水电工程、措施等。

（三）外墙装饰装修工程包括基层处理、幕墙安装、防火保温处理、措施项目等。幕墙未包含预埋件制作、安装的工期，未包含大空间场站类建筑、大型幕墙专用钢结构的安装工期。

（四）装饰装修工程的划分标准见表 1-1-1。

（五）室内装饰装修工程的工期，不区分 ±0.00 以下、±0.00 以上，按装饰装修施工部分建筑面积、装饰装修标准计算。单项（位）工程具有混合功能的，按其各使用功能对应建筑面积占比大的功能计算。

九、设备安装工程

（一）本定额适用于民用建筑设备安装和一般工业建筑的设备安装工程。

（二）设备安装工程包括变配电室设备、开闭所、发电机房、空压站、消防自动报警系统、消防灭火系统、锅炉房、通风空调系统、制冷机房、冷库和冷藏间安装。设备安装工程工期是指从土建交付安装并具备连续施工条件起（不包含主要设备订货时间），至完成承担的全部设计内容并达到国家建筑安装工程施工验收标准的日历天数。设备安装工程中预留、预埋工程已综合考虑在建筑工程总工期中，不再单独列项。

（三）设备安装工程中的电气、给水排水及采暖专业工程工期参照该工程通风空调系统安装工程工期计算。

（四）本定额机房的设备安装，不包括室外工程。

十、电梯工程

（一）电梯工程包括杂物电梯、曳引式电梯、液压电梯、自动扶梯和自动人行道工程。施工工期是指从土建交付安装并具备连续施工条件起，至安装完成的全部日历天数，不包括调试及检验检测时间。

（二）单部电梯

1. 杂物电梯按单部载重量≤200 kg 编制。

2. 曳引式电梯按单部载重量≤1 000 kg 编制，每增加 100 kg 工期增加 1.5 天。当单部载重量超过 3 000 kg 时，不再计算增加天数。

3. 液压电梯按单部载重量≤2 000 kg 编制，每增加 500 kg 工期增加 5 天。

4. 垂直电梯增加轿门、层门时，每增加 1 个轿门工期增加 5 天，每增加 1 个层门工期增加 1 天。

5. 整装自动扶梯定额工期按自动扶梯定额工期乘以系数 0.65。

6. 公共交通型扶梯按自动扶梯定额工期乘以系数 1.5。

7. 自动人行道非水平安装时乘以系数 1.2。

（三）多部电梯

1. 在一个垂直投影区域内安装多部自动扶梯或自动人行道时，工期按如下公式计算：

$$M = M_1 + M_1 \times (n-1) \times 40\%$$

其中:M——在一个垂直投影区域内安装多部自动扶梯或自动人行道的工期;

M_1——安装一部自动扶梯或自动人行道的工期;

n——一个垂直投影区域内安装的自动扶梯或自动人行道的部数。

2. 当一个电梯厅中安装多部同种类型垂直电梯时,可按如下公式计算:

$$N = N_1 + N_1 \times (n-1) \times 20\%$$

其中:N——一个电梯厅中安装电梯的工期;

N_1——一个电梯厅中安装的工期数最多的一部电梯的工期;

n——一个电梯厅中安装同种类型电梯的部数。

3. 一个单项(位)工程中有多个电梯厅时,工期的计算:以一个电梯厅的最大工期为基数,加其他电梯厅工期总和乘相应系数计算。加 1 个乘以系数 0.35,加 2 个乘以系数 0.2,加 3 个乘以系数 0.15,4 个以上的电梯厅不另增加工期。

2 个电梯厅:$T = T_1 + T_2 \times 0.35$

3 个电梯厅:$T = T_1 + (T_2 + T_3) \times 0.2$

4 个电梯厅:$T = T_1 + (T_2 + T_3 + T_4) \times 0.15$

其中: T——单项(位)工程电梯总工期;

T_1,T_2,T_3,T_4——单个电梯厅工期,且 $T_1 \geqslant T_2 \geqslant T_3 \geqslant T_4$。

第一节　机械土方工程

编号	挖深（m）	工程量（m³）	工期（天）
1-3-1	≤5	≤2 000	4
1-3-2		≤5 000	7
1-3-3		≤10 000	14
1-3-4		≤15 000	20
1-3-5		≤20 000	26
1-3-6		≤25 000	32
1-3-7		每增加 2 000 m³ 增加工期	2
1-3-8	≤10	≤5 000	9
1-3-9		≤10 000	15
1-3-10		≤15 000	22
1-3-11		≤20 000	29
1-3-12		≤25 000	35
1-3-13		≤30 000	43
1-3-14		≤35 000	49
1-3-15		≤40 000	55
1-3-16		每增加 2 000 m³ 增加工期	2
1-3-17	>10	≤10 000	18
1-3-18		≤15 000	25
1-3-19		≤20 000	33
1-3-20		≤25 000	40
1-3-21		≤30 000	47
1-3-22		≤35 000	54
1-3-23		≤40 000	61
1-3-24		≤45 000	68
1-3-25		≤50 000	75
1-3-26		每增加 2 000 m³ 增加工期	2

第二节 桩 基 工 程

桩基类型：预制桩

编号	桩深（m）	工程量（根）	工期（天）
1-3-27	≤20	≤100	11
1-3-28		≤200	17
1-3-29		≤300	23
1-3-30		≤400	28
1-3-31		≤500	31
1-3-32		每增加100根增加工期	5
1-3-33	≤25	≤100	12
1-3-34		≤200	19
1-3-35		≤300	26
1-3-36		≤400	32
1-3-37		≤500	38
1-3-38		每增加100根增加工期	6
1-3-39	≤30	≤100	15
1-3-40		≤200	22
1-3-41		≤300	29
1-3-42		≤400	35
1-3-43		≤500	41
1-3-44		每增加100根增加工期	6
1-3-45	≤40	≤100	18
1-3-46		≤200	25
1-3-47		≤300	32
1-3-48		≤400	38
1-3-49		≤500	44
1-3-50		每增加100根增加工期	6

桩基类型：钻孔灌注桩

编号	桩深（m）	桩径（cm）	工程量（根）	工期（天）
1-3-51	≤20	≤80	≤100	13
1-3-52			≤200	26
1-3-53			≤300	39
1-3-54			≤400	52
1-3-55			≤500	65

(续表)

编号	桩深(m)	桩径(cm)	工程量(根)	工期(天)
1-3-56		≤80	每增加100根增加工期	13
1-3-57			≤100	14
1-3-58			≤200	28
1-3-59		≤100	≤300	42
1-3-60			≤400	56
1-3-61			≤500	70
1-3-62			每增加100根增加工期	14
1-3-63			≤100	15
1-3-64			≤200	30
1-3-65	≤20	≤120	≤300	45
1-3-66			≤400	60
1-3-67			≤500	75
1-3-68			每增加100根增加工期	15
1-3-69			≤100	18
1-3-70			≤200	36
1-3-71		>120	≤300	54
1-3-72			≤400	72
1-3-73			≤500	90
1-3-74			每增加100根增加工期	18
1-3-75			≤100	20
1-3-76			≤200	40
1-3-77		≤80	≤300	60
1-3-78			≤400	80
1-3-79			≤500	100
1-3-80			每增加100根增加工期	20
1-3-81			≤100	22
1-3-82			≤200	44
1-3-83	≤40	≤100	≤300	66
1-3-84			≤400	88
1-3-85			≤500	110
1-3-86			每增加100根增加工期	22
1-3-87			≤100	24
1-3-88			≤200	48
1-3-89		≤120	≤300	72
1-3-90			≤400	96
1-3-91			≤500	120
1-3-92			每增加100根增加工期	24

编号	桩深（m）	桩径（cm）	工程量（根）	工期（天）
1-3-93	≤40	>120	≤100	28
1-3-94			≤200	56
1-3-95			≤300	84
1-3-96			≤400	112
1-3-97			≤500	140
1-3-98			每增加100根增加工期	28
1-3-99	≤60	≤80	≤100	35
1-3-100			≤200	67
1-3-101			≤300	100
1-3-102			≤400	132
1-3-103			≤500	164
1-3-104			每增加100根增加工期	32
1-3-105		≤100	≤100	40
1-3-106			≤200	75
1-3-107			≤300	110
1-3-108			≤400	145
1-3-109			≤500	180
1-3-110			每增加100根增加工期	35
1-3-111		≤120	≤100	42
1-3-112			≤200	80
1-3-113			≤300	118
1-3-114			≤400	156
1-3-115			≤500	194
1-3-116			每增加100根增加工期	38
1-3-117		>120	≤100	45
1-3-118			≤200	85
1-3-119			≤300	125
1-3-120			≤400	165
1-3-121			≤500	205
1-3-122			每增加100根增加工期	40
1-3-123	≤80	≤80	≤100	50
1-3-124			≤200	82
1-3-125			≤300	115
1-3-126			≤400	147
1-3-127			≤500	179
1-3-128			每增加100根增加工期	47

(续表)

编号	桩深(m)	桩径(cm)	工程量(根)	工期(天)
1-3-129			≤100	55
1-3-130			≤200	90
1-3-131		≤100	≤300	125
1-3-132			≤400	160
1-3-133			≤500	195
1-3-134			每增加100根增加工期	50
1-3-135			≤100	57
1-3-136			≤200	95
1-3-137	≤80	≤120	≤300	133
1-3-138			≤400	171
1-3-139			≤500	209
1-3-140			每增加100根增加工期	53
1-3-141			≤100	60
1-3-142			≤200	100
1-3-143		>120	≤300	140
1-3-144			≤400	180
1-3-145			≤500	220
1-3-146			每增加100根增加工期	55

第三节　基坑支护工程

支护方式：钢筋混凝土灌注桩

编号	基坑深度(m)	基坑周长(m)	工期(天)
1-3-147		≤300	71
1-3-148		≤400	94
1-3-149		≤500	123
1-3-150		≤600	146
1-3-151	≤10	≤700	169
1-3-152		≤800	191
1-3-153		≤900	219
1-3-154		≤1 000	242
1-3-155		每增加100 m增加工期	25
1-3-156		≤300	112
1-3-157		≤400	146
1-3-158		≤500	180
1-3-159		≤600	219
1-3-160	≤15	≤700	253
1-3-161		≤800	287
1-3-162		≤900	321
1-3-163		≤1 000	355
1-3-164		每增加100 m增加工期	35

支护方式：型钢水泥土搅拌墙支护

编号	基坑深度(m)	基坑周长(m)	工期(天)
1-3-165		≤300	60
1-3-166		≤400	80
1-3-167		≤500	100
1-3-168		≤600	121
1-3-169	≤10	≤700	141
1-3-170		≤800	161
1-3-171		≤900	181
1-3-172		≤1 000	201
1-3-173		每增加100 m增加工期	20

支护方式:地下连续墙

编号	基坑深度(m)	基坑周长(m)	工期(天)
1-3-174	≤15	≤300	107
1-3-175		≤400	138
1-3-176		≤500	163
1-3-177		≤600	185
1-3-178		≤700	210
1-3-179		≤800	241
1-3-180		≤900	263
1-3-181		≤1 000	296
1-3-182		每增加100 m增加工期	33
1-3-183	≤20	≤300	137
1-3-184		≤400	175
1-3-185		≤500	208
1-3-186		≤600	240
1-3-187		≤700	272
1-3-188		≤800	313
1-3-189		≤900	343
1-3-190		≤1 000	386
1-3-191		每增加100 m增加工期	41
1-3-192	≤25	≤300	167
1-3-193		≤400	214
1-3-194		≤500	256
1-3-195		≤600	298
1-3-196		≤700	335
1-3-197		≤800	385
1-3-198		≤900	424
1-3-199		≤1 000	477
1-3-200		每增加100 m增加工期	50
1-3-201	≤30	≤300	196
1-3-202		≤400	251
1-3-203		≤500	296
1-3-204		≤600	340
1-3-205		≤700	397
1-3-206		≤800	457
1-3-207		≤900	505
1-3-208		≤1 000	567
1-3-209		每增加100 m增加工期	61

第四节 基坑降水工程

降水方式：管井降水工程

编号	基坑深度（m）	基坑周长（m）	工期（天）
1-3-210	≤5	≤300	10
1-3-211		≤400	13
1-3-212		≤500	16
1-3-213		≤600	19
1-3-214		≤700	22
1-3-215		≤800	26
1-3-216		≤900	29
1-3-217		≤1 000	32
1-3-218		每增加 100 m 增加工期	3
1-3-219	≤10	≤300	13
1-3-220		≤400	17
1-3-221		≤500	22
1-3-222		≤600	26
1-3-223		≤700	30
1-3-224		≤800	34
1-3-225		≤900	38
1-3-226		≤1 000	42
1-3-227		每增加 100 m 增加工期	4
1-3-228	≤15	≤300	16
1-3-229		≤400	22
1-3-230		≤500	27
1-3-231		≤600	32
1-3-232		≤700	37
1-3-233		≤800	43
1-3-234		≤900	48
1-3-235		≤1 000	53
1-3-236		每增加 100 m 增加工期	5
1-3-237	≤20	≤300	20
1-3-238		≤400	26
1-3-239		≤500	32
1-3-240		≤600	39
1-3-241		≤700	45

(续表)

编号	基坑深度(m)	基坑周长(m)	工期(天)
1-3-242		≤800	51
1-3-243	≤20	≤900	57
1-3-244		≤1 000	64
1-3-245		每增加100 m增加工期	6
1-3-246		≤300	23
1-3-247		≤400	30
1-3-248		≤500	38
1-3-249		≤600	45
1-3-250	≤25	≤700	52
1-3-251		≤800	60
1-3-252		≤900	67
1-3-253		≤1 000	74
1-3-254		每增加100 m增加工期	7
1-3-255		≤300	26
1-3-256		≤400	35
1-3-257		≤500	43
1-3-258		≤600	51
1-3-259	≤30	≤700	60
1-3-260		≤800	68
1-3-261		≤900	76
1-3-262		≤1 000	85
1-3-263		每增加100 m增加工期	8

降水方式:轻型井点降水工程

编号	基坑深度(m)	基坑周长(m)	工期(天)
1-3-264		≤300	20
1-3-265		≤400	26
1-3-266		≤500	32
1-3-267		≤600	39
1-3-268	≤5	≤700	45
1-3-269		≤800	51
1-3-270		≤900	57
1-3-271		≤1 000	64
1-3-272		每增加100 m增加工期	6
1-3-273	>5	≤300	40
1-3-274		≤400	52

编号	基坑深度（m）	基坑周长（m）	工期（天）
1-3-275	>5	≤500	65
1-3-276		≤600	77
1-3-277		≤700	90
1-3-278		≤800	102
1-3-279		≤900	115
1-3-280		≤1 000	127
1-3-281		每增加 100 m 增加工期	12

第五节 基坑加固工程

基坑加固方式:注浆法

编号	桩深(m)	加固面积(m²)	工期(天)
1-3-282	≤20	≤1 000	13
1-3-283		≤2 000	26
1-3-284		≤3 000	39
1-3-285		≤4 000	52
1-3-286		≤5 000	65
1-3-287		每增加1 000 m² 增加工期	13
1-3-288	≤40	≤1 000	20
1-3-289		≤2 000	40
1-3-290		≤3 000	60
1-3-291		≤4 000	80
1-3-292		≤5 000	100
1-3-293		每增加1 000 m² 增加工期	20
1-3-294	≤60	≤1 000	35
1-3-295		≤2 000	67
1-3-296		≤3 000	100
1-3-297		≤4 000	132
1-3-298		≤5 000	164
1-3-299		每增加1 000 m² 增加工期	32
1-3-300	≤80	≤1 000	50
1-3-301		≤2 000	82
1-3-302		≤3 000	115
1-3-303		≤4 000	147
1-3-304		≤5 000	179
1-3-305		每增加1 000 m² 增加工期	47

基坑加固方式:高压旋喷注浆法

编号	桩深(m)	加固面积(m²)	工期(天)
1-3-306	≤20	≤1 000	14
1-3-307		≤2 000	28
1-3-308		≤3 000	42
1-3-309		≤4 000	56
1-3-310		≤5 000	70
1-3-311		每增加1 000 m² 增加工期	14

编号	桩深(m)	加固面积(m²)	工期(天)
1-3-312	≤40	≤1 000	21
1-3-313		≤2 000	42
1-3-314		≤3 000	63
1-3-315		≤4 000	84
1-3-316		≤5 000	105
1-3-317		每增加 1 000 m² 增加工期	21
1-3-318	≤60	≤1 000	38
1-3-319		≤2 000	76
1-3-320		≤3 000	114
1-3-321		≤4 000	152
1-3-322		≤5 000	190
1-3-323		每增加 1 000 m² 增加工期	38
1-3-324	≤80	≤1 000	55
1-3-325		≤2 000	110
1-3-326		≤3 000	165
1-3-327		≤4 000	220
1-3-328		≤5 000	275
1-3-329		每增加 1 000 m² 增加工期	55

第六节 幕 墙 工 程

结构类型:构件式

编号	幕墙高度(m)	幕墙装修面积(m²)	工期(天)
1-3-330	≤25	≤1 500	50
1-3-331		≤3 000	65
1-3-332		≤5 000	80
1-3-333		≤8 000	95
1-3-334		≤10 000	105
1-3-335		≤15 000	130
1-3-336		≤20 000	155
1-3-337		≤30 000	185
1-3-338	≤50	≤1 500	65
1-3-339		≤3 000	80
1-3-340		≤5 000	95
1-3-341		≤8 000	110
1-3-342		≤10 000	125
1-3-343		≤15 000	155
1-3-344		≤20 000	185
1-3-345		≤30 000	215
1-3-346		≤50 000	255
1-3-347	≤100	≤1 500	80
1-3-348		≤3 000	95
1-3-349		≤5 000	110
1-3-350		≤8 000	125
1-3-351		≤10 000	155
1-3-352		≤15 000	185
1-3-353		≤20 000	215
1-3-354		≤30 000	255
1-3-355		≤50 000	285
1-3-356		≤80 000	355
1-3-357	≤150	≤1 500	95
1-3-358		≤3 000	105
1-3-359		≤5 000	120
1-3-360		≤8 000	140
1-3-361		≤10 000	185

编号	幕墙高度(m)	幕墙装修面积(m²)	工期(天)
1-3-362		≤15 000	215
1-3-363	≤150	≤20 000	255
1-3-364		≤30 000	305
1-3-365		≤50 000	355

结构类型:单元式/装配式

编号	幕墙高度(m)	幕墙装修面积(m²)	工期(天)
1-3-366		≤10 000	80
1-3-367	≤25	≤15 000	95
1-3-368		≤20 000	105
1-3-369		≤30 000	125
1-3-370		≤10 000	95
1-3-371		≤15 000	110
1-3-372	≤50	≤20 000	125
1-3-373		≤30 000	140
1-3-374		≤50 000	155
1-3-375		≤10 000	110
1-3-376		≤15 000	125
1-3-377	≤100	≤20 000	145
1-3-378		≤30 000	165
1-3-379		≤50 000	205
1-3-380		≤80 000	255
1-3-381		≤10 000	125
1-3-382		≤15 000	145
1-3-383	≤150	≤20 000	165
1-3-384		≤30 000	185
1-3-385		≤50 000	225
1-3-386		≤80 000	285
1-3-387		≤10 000	155
1-3-388		≤15 000	180
1-3-389	≤250	≤20 000	205
1-3-390		≤30 000	225
1-3-391		≤50 000	255
1-3-392		≤80 000	305

第七节 装饰装修工程

一、住宅工程

编号	装饰装修标准	建筑面积(m²)	工期(天)
1-3-393	一般装饰装修	≤3 000	65
1-3-394		≤5 000	75
1-3-395		≤10 000	95
1-3-396		≤20 000	125
1-3-397		≤30 000	155
1-3-398		>30 000	190
1-3-399	中级装饰装修	≤3 000	90
1-3-400		≤5 000	110
1-3-401		≤10 000	125
1-3-402		≤20 000	170
1-3-403		≤30 000	220
1-3-404		>30 000	250
1-3-405	高级装饰装修	≤3 000	105
1-3-406		≤5 000	120
1-3-407		≤10 000	145
1-3-408		≤20 000	195
1-3-409		≤30 000	245
1-3-410		>30 000	280

二、宾馆酒店工程

编号	装饰装修标准	建筑面积(m²)	工期(天)
1-3-411	3星及以下	≤1 000	70
1-3-412		≤3 000	85
1-3-413		≤7 000	100
1-3-414		≤10 000	120
1-3-415		≤20 000	165
1-3-416		≤30 000	210
1-3-417		≤40 000	240
1-3-418		>40 000	270

编号	装饰装修标准	建筑面积(m²)	工期(天)
1-3-419	4星	≤1 000	85
1-3-420		≤3 000	100
1-3-421		≤7 000	110
1-3-422		≤10 000	130
1-3-423		≤20 000	190
1-3-424		≤30 000	240
1-3-425		≤40 000	275
1-3-426		＞40 000	310
1-3-427	5星及以上	≤1 000	95
1-3-428		≤3 000	110
1-3-429		≤7 000	130
1-3-430		≤10 000	150
1-3-431		≤20 000	215
1-3-432		≤30 000	265
1-3-433		≤40 000	300
1-3-434		＞40 000	335

三、一般公共建筑工程

编号	装饰装修标准	建筑面积(m²)	工期(天)
1-3-435	中级装饰装修	≤3 000	85
1-3-436		≤5 000	95
1-3-437		≤10 000	120
1-3-438		≤20 000	165
1-3-439		≤30 000	215
1-3-440		≤40 000	245
1-3-441		＞40 000	270
1-3-442	高级装饰装修	≤3 000	100
1-3-443		≤5 000	110
1-3-444		≤10 000	140
1-3-445		≤20 000	185
1-3-446		≤30 000	240
1-3-447		≤40 000	275
1-3-448		＞40 000	305

第八节　设备安装工程

一、变配电室设备安装

编号	安装项目	主要内容	工期(天)	备注
1-3-449	变电室	10 kV,容量 315(320)kV·A 变压器 2 台以内,低压柜 10 台以内,负荷开关 2 组	37	每增加变压器 2 台加 4 天,每增加高压柜 2 台加 3 天,每增加低压柜 2 台加 2 天
1-3-450		10 kV,容量 630(560)kV·A 变压器 2 台以内,高压柜 5 台以内,低压柜 10 台以内	56	
1-3-451		10 kV,容量 800(750)kV·A 变压器 2 台以内,高压柜 7 台以内,低压柜 12 台以内	70	
1-3-452		10 kV,容量 1 000 kV·A 变压器 2 台以内,高压柜 10 台以内,低压柜 20 台以内	83	
1-3-453		10 kV,容量 1 000 kV·A 变压器 3 台以内,高压柜 15 台以内,低压柜 25 台以内	92	
1-3-454		10 kV,容量 2 000 kV·A 变压器 3 台以内,高压柜 20 台以内,低压柜 30 台以内	102	
1-3-455		10 kV,容量 2 000 kV·A 变压器 6 台以内,高压柜 20 台以内,低压柜 30 台以内	106	

二、开闭所安装

编号	安装项目	建筑面积(m²)	工期(天)	备注
1-3-456	开闭所	≤300	86	10 kV,高压柜 20 台以内,包括高压柜、电缆、桥架、母线槽、设备基础底座、接地系统、控制系统安装及调试等
1-3-457		≤500	94	10 kV,高压柜 30 台以内,包括内容同上
1-3-458		≤500	98	10 kV,高压柜 35 台以内,包括内容同上

三、发电机房安装

编号	安装项目	主要内容	工期(天)	备注
1-3-459	发电机房	1 台 100 kW 以内柴油发电机组安装,包括油路、排烟、冷却、机房配线控制系统等	42	每增加 1 台加 10 天
1-3-460		1 台 500 kW 以内柴油发电机组安装,包括内容同上	70	每增加 1 台加 20 天
1-3-461		1 台 1 000 kW 以内柴油发电机组安装,包括内容同上	111	每增加 1 台加 25 天
1-3-462		1 台 1 350 kW 以内柴油发电机组安装,包括内容同上	129	每增加 1 台加 25 天

注:发电机房安装工期根据冷却系统为水冷方式编制。

四、空压站安装

编号	安装项目	主要内容	工期（天）	备注
1-3-463	空压站	20 m³/min 空压机 2 台以内,包括配管、动力、仪表等	45	每增加 1 台加 10 天
1-3-464		40 m³/min 空压机 2 台以内,包括配管、动力、仪表等	60	每增加 1 台加 15 天
1-3-465		60 m³/min 空压机 2 台以内,包括配管、动力、仪表等	85	每增加 1 台加 20 天
1-3-466		100 m³/min 空压机 2 台以内,包括配管、动力、仪表等	100	每增加 1 台加 25 天
1-3-467	仪表空压站	20 m³/min 空压机 2 台以内,包括配管、动力、仪表等	55	包括进气、过滤、干燥空气系统,每增加 1 台加 10 天

五、消防自动报警系统安装

编号	安装项目	主要内容	工期（天）	备注
1-3-468	消防自动报警系统	探测器、模块、警铃、报警按钮及应急广播喇叭等末端装置 500 个以内,包括管内穿线、末端装置、端子箱、模块箱安装,遥测绝缘电阻,校对回路,设备安装及调试,被控及联动设备接线,接地安装、电阻测试,系统调试等	50	末端装置在 2 000 个以内,每增加 100 个以内加 6 天
1-3-469		探测器、模块、警铃、报警按钮及应急广播喇叭等末端装置 2 000 个,包括内容同上	140	末端装置在 5 000 个以内,每增加 100 个以内加 3 天
1-3-470		探测器、模块、警铃、报警按钮及应急广播喇叭等末端装置 5 000 个,包括内容同上	220	末端装置在 10 000 个以内,每增加 100 个以内加 2 天
1-3-471		探测器、模块、警铃、报警按钮及应急广播喇叭等末端装置 10 000 个,包括内容同上	310	末端装置在 15 000 个以内,每增加 100 个以内加 2 天
1-3-472		探测器、模块、警铃、报警按钮及应急广播喇叭等末端装置超过 15 000 个,包括内容同上	410	末端装置在 20 000 个以内,每增加 150 个以内加 2 天

注:消防自动报警系统安装主要内容若增加槽盒和导管安装,其工期乘以系数 1.3 计算。

六、消防灭火系统安装

编号	安装项目	主要内容	工期（天）	备注
1-3-473	室内消火栓灭火系统	消火栓 20 套以内,包括管道及消火栓安装,支、吊架制作安装,水泵、水箱、气压罐及控制设备等的安装及调试,试压、冲洗,系统联动调试等	30	—
1-3-474		消火栓 50 套以内,包括内容同上	50	消火栓 300 套以内,每增加 50 套以内加 20 天
1-3-475		消火栓 300 套,包括内容同上	150	消火栓 1 500 套以内,每增加 50 套以内加 14 天

(续表)

编号	安装项目	主要内容	工期(天)	备注
1-3-476	水喷洒自动灭火系统	喷洒头 200 个以内,包括管道及喷洒头安装,支、吊架制作安装,水流指示器、阀门仪表及附件安装,水泵、水箱、气压罐等设备的安装及调试,试压、冲洗,系统联动调试等	38	喷洒头 2 000 个以内,每增加 100 个以内加 10 天
1-3-477		喷洒头 2 000 个,包括内容同上	160	喷洒头 4 000 个以内,每增加 100 个以内加 3 天
1-3-478		喷洒头 4 000 个,包括内容同上	210	喷洒头 12 000 个以内,每增加 100 个以内加 3 天
1-3-479		喷洒头 12 000 个,包括内容同上	450	喷洒头 20 000 个以内,每增加 100 个以内加 2 天
1-3-480	气体自动灭火系统	喷洒头 200 个以内,包括管道及喷洒头安装,支、吊架制作安装,阀门仪表及附件安装,气体驱动装置管道及贮气装置安装及调试,试压、吹洗,系统联动调试等	40	喷洒头 1 000 个以内,每增加 100 个以内加 10 天

七、锅炉房安装

编号	安装项目	主要内容	工期(天)
1-3-481	快速燃油(气)锅炉	2 t/h(或 1.4 MW)以内且 2 台以内,包括锅炉本体及水-汽系统、燃料供应系统、鼓(引)风系统、仪表控制系统等辅助系统的安装,保温、水压试验、烘炉、煮炉、定压校正,试运行等	30
1-3-482		4 t/h(或 2.8 MW)以内且 2 台以内,包括内容同上	35
1-3-483		6 t/h(或 4.2 MW)以内且 2 台以内,包括内容同上	40
1-3-484		10 t/h(或 7 MW)以内且 2 台以内,包括内容同上	50
1-3-485		20 t/h(或 14 MW)以内且 2 台以内,包括内容同上	65
1-3-486	散装燃油(气)锅炉	1 台 6 t/h(或 4.2 MW)以内,包括锅炉本体及水-汽系统、燃料供应系统、鼓(引)风系统、仪表控制系统等辅助系统的安装,保温、水压试验、烘炉、煮炉、定压校正,无负荷试运行等	45
1-3-487		1 台 10 t/h(或 7 MW)以内,包括内容同上	55
1-3-488		1 台 20 t/h(或 14 MW)以内,包括内容同上	70

八、通风空调系统安装

编号	安装项目	主要内容	工期(天)	备注
1-3-489	通风空调系统	通风空调系统风管 500 m² 以内,包括风管的制作安装及通风空调系统中的管道、部附件、设备等的安装、绝热及调试等	49	

编号	安装项目	主要内容	工期(天)	备注
1-3-490		风管 1 000 m² 以内,包括内容同上	68	
1-3-491		风管 2 000 m² 以内,包括内容同上	98	
1-3-492		风管 3 000 m² 以内,包括内容同上	135	
1-3-493		风管 5 000 m² 以内,包括内容同上	158	
1-3-494	通风空调系统	风管 7 500 m² 以内,包括内容同上	191	
1-3-495		风管 10 000 m² 以内,包括内容同上	240	
1-3-496		风管 15 000 m² 以内,包括内容同上	290	
1-3-497		风管 20 000 m² 以内,包括内容同上	340	
1-3-498		风管 30 000 m² 以内,包括内容同上	390	
1-3-499		风管 50 000 m² 以内,包括内容同上	456	风管 80 000 m² 以内,每增加 600 m² 以内加 2 天

注:1. 本工期中不含通风空调系统冷热源机房设备及附属管道、仪器仪表等安装时间。
   2. 洁净通风空调系统,其工期乘以系数 1.2。

九、制冷机房安装

编号	安装项目	主要内容	工期(天)	备注
1-3-500		总制冷量 580 kW 以内,包括设备及管道安装、试压、冲洗、保温和动力及仪器仪表的安装、调试等	60	总制冷量 4 640 kW 以内,每增加 350 kW 加 6 天
1-3-501	制冷机房	总制冷量 4 640 kW 以内,包括内容同上	132	总制冷量 9 280 kW 以内,每增加 700 kW 加 10 天
1-3-502		总制冷量 9 280 kW 以内,包括内容同上	202	总制冷量 20 300 kW 以内,每增加 700 kW 加 5 天

注:此工期适用于活塞式、离心式、螺杆式冷水机组。如采用溴化锂吸收式冷水机组,其工期乘以系数 1.15。

十、冷库、冷藏间安装

编号	安装项目	冷藏能力	工期(天)	备注
1-3-503		≤500 t	65	
1-3-504		≤1 000 t	83	
1-3-505	冷库、冷藏间	≤5 000 t	129	全部管道、设备等的制作安装,包括冻结间设备安装
1-3-506		≤10 000 t	162	
1-3-507		≤20 000 t	212	

第九节　电　梯　工　程

编号	安装项目	主要内容	工期(天)	备注
1-3-508	杂物电梯	5层5站以下1部	15	每增加1层增加1天
1-3-509	曳引式电梯	6层6站以下1部	36	14层以下每增加1层增加1天,15层及以上每增加1层增加1.5天
1-3-510	液压电梯	3层3站以下1部	40	每增加1层增加5天
1-3-511	自动扶梯	提升高度6 m以内1部	20	提升高度每增加1 m增加2天
1-3-512	自动人行道	长度24 m以内1部	17	长度每增加6 m增加1天

第二部分　市　政　工　程

说　明

一、本部分定额包括道路工程、桥梁与隧道工程、城市地下综合管廊工程,共3章;不包括管道工程、交通设施、水处理厂站工程。适用于上海市行政区域内新建、扩建的城市道路工程、桥梁与隧道工程、城市地下综合管廊工程。

二、除各章另有规定外,本部分的定额工期是指单项(位)工程工期,即单项(位)工程自地基与基础工程挖土或原桩位打基础桩之日起,至完成全部工程内容并达到国家和上海市验收标准之日止的日历天数(包括法定节假日),不包括"三通一平"、打试验桩、地下障碍物处理、跨越河道的围堰工程、竣工文件编制和竣工备案等所需的时间。

三、有关规定

(一)道路工程与管道工程同期施工时,考虑管道工程的施工对总工期的影响,以道路工程工期为基数,加上管道工程工期的70%计算总工期。

(二)道路工程与桥梁工程同期施工时,按以下方法计算总工期:

1. 当道路和桥梁工程同期水平交叉作业施工时,分别计算道路和桥梁工程工期,以二者中工期长的作为基数,再加上另一工程工期的25%计算总工期。

2. 当道路和桥梁工程同期垂直交叉作业施工时,以二者中工期长的作为基数,再加上另一工程的50%计算总工期。

四、依据本定额计算工期天数的中间结果为小数时,应采用四舍五入保留一位小数,最终结果采用"进一法"取整数计算。

第一章　道　路　工　程

说　明

一、本章适用于单项(位)独立施工的新建、扩建的城市道路工程。

二、本定额工期由基本工期和附加工期组成。基本工期是指正常施工条件下,完成基本施工内容所需要的时间。使用时,按道路长度、车道宽度、路面结构类型和结构层厚度等计算各类道路工期。附加工期是在基本施工内容之外发生的、常见或必要的施工因素所增加的工期。

四、本定额工期按封闭交通、正常的施工条件、合理的作业流水线,并综合考虑一般的工程结构形式、施工条件及上海市地域、气候特点等因素编制。

五、城市道路工程定额工期包括路基挖填土、机动车道、非机动车道、人行道、分隔带、雨水口、雨水支管的施工,以及道路范围内原有各类检查井的升降与旧路刨除等。

六、工期计算规定

(一)道路长度按道路设计长度计算,道路长度处于本节相邻长度区间时,工期按内插法计算。道路长度超过 3 000 m 的,不再计算工期。

(二)车道宽度按车行道(机动车道和非机动车道)标准断面设计宽度计算,不计算分隔带和人行道宽度。当相同路面结构形式车道宽度不同时,以对应道路长度按加权平均值计算。定额工期按车道宽度 36 m 以内考虑,车道宽度超过 36 m 的,不再计算工期。

(三)拓宽的工程,车道宽度按实际拓宽的车行道宽度计算。

(四)对于不做人行道的工程,按基本工期的 95％计算。

(五)道路结构层厚度是指从路床顶面标高至路面面层标高的总厚度。

(六)当道路工程机动车道与非机动车道路面结构及厚度不同时,按机动车道的路面结构和厚度计算。

(七)当道路工程机动车道含有水泥混凝土和沥青混凝土两种路面结构时,分别计算工期,取最大值作为总工期。

七、道路工程附加工期计算规定

(一)半封闭交通施工时,附加工期按基本工期乘以表 2-1-1 相应系数计算。

表 2-1-1　半封闭交通施工附加工期系数

车道宽度(m)	≤8	≤14	≤18	≤22	>22
半封闭交通施工附加工期系数	0.35	0.2	0.1	0.07	0.05

(二)当挖填方总数量平均厚度大于结构厚度的路基挖填土方施工时,按表 2-1-2 计算附加工期。若挖填方总数量平均厚度与结构厚度差超过 80 cm,超过部分按每 1 000 m³ 土方增加 3 天计算附加工期,最多不超过 30 天。

表 2-1-2　挖填方厚度差附加工期

道路长度(m)	工期(天)			
	挖填方厚度差(cm)			
	≤20	≤40	≤60	≤80
≤1 000	3	6	8	10

道路长度(m)	工期(天)			
	挖填方厚度差(cm)			
	≤20	≤40	≤60	≤80
≤2 000	6	12	16	20
>2 000	9	18	24	30

注:1. 挖填方总数量平均厚度=挖填土方总数量÷(道路长度×车道宽度)。

2. 挖填方厚度差=挖填方总数量平均厚度-结构厚度。

(三)路基局部处理(换土、掺灰、填骨料)时,增加附加工期按基本工期乘以表2-1-3的相应系数计算。其处理的工程量以厚度20 cm折成面积,按其占车行道总面积百分比计算;塑料排水板、砂桩、水泥搅拌桩,按其处理面积占车行道总面积百分比确定系数。

表2-1-3 路基局部处理附加工期系数

折算面积占车行道总面积百分比	≤30%	30%~50%	>50%
路基局部处理附加工期系数	0.03	0.05	0.1

(四)道路工程设有砌筑式挡墙时,当其总长度小于或等于道路总长度20%时,不计算附加工期;当其总长度大于道路总长度20%时,按表2-1-4计算附加工期。

表2-1-4 砌筑式挡墙附加工期

砌筑式挡墙占道路长度百分比	工期(天)		
	挡墙平均高度(m)		
	≤1	≤1.5	≤2
20%<L≤50%	5	10	15
50%<L≤100%	10	15	20
100%<L≤150%	15	20	25
150%<L≤200%	20	25	30

(五)道路工程设有现浇及装配式挡墙时,按表2-1-5计算附加工期。

表2-1-5 现浇及装配式挡墙附加工期

现浇及装配式挡墙长度(m)	工期(天)			
	挡墙平均高度(m)			
	≤2	≤3	≤4	>4
≤50 m	21	24	28	32
≤100 m	28	32	39	45
≤150 m	35	40	47	53
>150 m	42	47	55	63

第一节　沥青混凝土道路

编号	道路长度(m)	车道宽度(m)	工期(天)		
			不同结构层厚度(cm)		
			≤40	40～70	＞70
2-1-1	≤500	≤4	45	55	60
2-1-2		≤8	50	60	65
2-1-3		≤12	55	65	70
2-1-4		≤16	60	70	75
2-1-5		≤20	65	75	80
2-1-6		≤24	70	80	85
2-1-7		≤28	75	85	90
2-1-8		≤32	79	89	94
2-1-9		≤36	83	93	98
2-1-10	≤1 000	≤4	54	64	69
2-1-11		≤8	59	69	74
2-1-12		≤12	69	79	84
2-1-13		≤16	74	84	89
2-1-14		≤20	79	89	94
2-1-15		≤24	84	94	99
2-1-16		≤28	88	98	103
2-1-17		≤32	93	103	108
2-1-18		≤36	97	107	112
2-1-19	≤1 500	≤4	59	71	79
2-1-20		≤8	69	81	89
2-1-21		≤12	79	90	99
2-1-22		≤16	84	95	104
2-1-23		≤20	89	101	109
2-1-24		≤24	94	106	114
2-1-25		≤28	98	111	118
2-1-26		≤32	103	116	122
2-1-27		≤36	107	121	127
2-1-28	≤2 000	≤4	69	79	89
2-1-29		≤8	79	89	99
2-1-30		≤12	89	99	109
2-1-31		≤16	94	104	114
2-1-32		≤20	99	109	119

(续表)

编号	道路长度(m)	车道宽度(m)	工期(天)		
			不同结构层厚度(cm)		
			≤40	40~70	>70
2-1-33	≤2 000	≤24	104	114	124
2-1-34		≤28	108	118	128
2-1-35		≤32	113	123	133
2-1-36		≤36	117	127	137
2-1-37	≤2 500	≤4	74	84	93
2-1-38		≤8	88	98	106
2-1-39		≤12	98	108	118
2-1-40		≤16	103	113	123
2-1-41		≤20	108	118	128
2-1-42		≤24	113	123	133
2-1-43		≤28	117	127	138
2-1-44		≤32	121	131	143
2-1-45		≤36	125	135	147
2-1-46	≤3 000	≤4	79	89	98
2-1-47		≤8	93	103	111
2-1-48		≤12	103	113	123
2-1-49		≤16	113	123	133
2-1-50		≤20	123	133	143
2-1-51		≤24	133	143	153
2-1-52		≤28	138	148	159
2-1-53		≤32	143	153	164
2-1-54		≤36	148	158	169

第二节　水泥混凝土道路

编号	道路长度(m)	车道宽度(m)	工期(天)		
			不同结构层厚度(cm)		
			≤40	40～70	＞70
2-1-55	≤500	≤4	55	65	70
2-1-56		≤8	60	70	75
2-1-57		≤12	65	75	80
2-1-58		≤16	70	80	85
2-1-59		≤20	75	85	90
2-1-60		≤24	80	90	95
2-1-61		≤28	85	95	100
2-1-62		≤32	89	99	104
2-1-63		≤36	93	103	108
2-1-64	≤1 000	≤4	64	74	79
2-1-65		≤8	69	79	84
2-1-66		≤12	79	89	94
2-1-67		≤16	84	94	99
2-1-68		≤20	89	98	104
2-1-69		≤24	94	104	109
2-1-70		≤28	98	108	113
2-1-71		≤32	103	113	118
2-1-72		≤36	107	117	122
2-1-73	≤1 500	≤4	69	79	84
2-1-74		≤8	79	89	94
2-1-75		≤12	89	99	104
2-1-76		≤16	94	104	109
2-1-77		≤20	99	109	114
2-1-78		≤24	104	114	119
2-1-79		≤28	108	118	123
2-1-80		≤32	113	123	127
2-1-81		≤36	117	127	132
2-1-82	≤2 000	≤4	79	89	99
2-1-83		≤8	89	99	109
2-1-84		≤12	99	109	119
2-1-85		≤16	104	114	124

（续表）

编号	道路长度(m)	车道宽度(m)	工期(天)		
			不同结构层厚度(cm)		
			≤40	40～70	＞70
2-1-86	≤2 000	≤20	109	119	129
2-1-87		≤24	114	124	134
2-1-88		≤28	118	128	138
2-1-89		≤32	123	133	143
2-1-90		≤36	127	137	147
2-1-91	≤2 500	≤4	84	94	103
2-1-92		≤8	98	108	116
2-1-93		≤12	108	118	128
2-1-94		≤16	113	123	133
2-1-95		≤20	118	128	138
2-1-96		≤24	123	133	143
2-1-97		≤28	127	137	148
2-1-98		≤32	131	141	153
2-1-99		≤36	135	145	157
2-1-100	≤3 000	≤4	89	99	108
2-1-101		≤8	103	113	121
2-1-102		≤12	113	123	133
2-1-103		≤16	123	133	143
2-1-104		≤20	133	143	153
2-1-105		≤24	143	153	163
2-1-106		≤28	148	158	169
2-1-107		≤32	153	163	174
2-1-108		≤36	158	168	179

第二章 桥梁与隧道工程

说 明

一、本章包括人行天桥、梁式桥、高架桥(高架道路)、地下人行通道和隧道工程。

二、本定额适用于单项(位)独立施工的新建桥梁工程,不适用于多层立交桥工程。

三、本定额桥梁按陆上桥梁施工工期编制,跨越河道的桥梁工程按相应定额工期乘以系数1.6。

四、人行天桥工程均按夜间、封闭交通条件下施工,定额工期包括桩基础,墩柱预制安装,上部结构预制吊装,桥面铺装、扶梯、平台、栏杆及装饰施工等,不包括顶棚、隔声(光)屏、电梯。人行天桥需加设顶棚、隔声(光)屏、电梯的,应另行计算增加工期。

五、梁式桥工程定额工期包括桩基础、承台、墩柱、盖梁、上部预制结构吊装或现浇桥板、桥面铺装、人行道、栏杆及附属设施施工等。高架桥(高架道路)工程定额工期包括桩基础、承台、墩柱、盖梁、上部预制结构吊装或现浇桥板、桥面铺装、栏杆及附属设施施工等。

六、本定额桥梁工程工期综合考虑了桥台、墩柱、盖梁的不同结构类型因素及跨道路施工时的交通情形。

七、地下人行通道工程按顶管法施工方式进行编制,已包含施工降水的工期,定额工期包括工作井、始发、接收、防水、铺装、照明安装、通风、结构装饰及附属设施施工等。

八、本定额盾构法公路隧道工程定额工期包括盾构掘进机安装、盾构掘进下井、接收井洞口土体加固及盾构进入接收井运出地面的工期;明挖法公路隧道工程定额工期包括基坑围护、加固、降水、开挖、结构及回填的时间;顶管法/箱涵顶进公路隧道工程定额工期包括工作井(含降水、工作井加固)、始发、接收、防水、铺装、照明安装、通风、结构装饰及附属设施施工等。

九、工期计算规定

(一)桥梁工程(梁式桥)长度处于本节相邻数区间时,按内插法计算工期,超过最大长度时,工期按最大长度计算。

(二)人行天桥的长度按主体结构设计长度加梯道及坡道长度计算,单跨长度按计算跨度计算,取最大单跨长度;人行天桥的宽度按主体结构桥面水平投影宽度计算。

(三)梁式桥、高架桥长度按设计长度计算,宽度按桥面水平投影宽度计算。

(四)对于拓宽的桥梁工程,其工期按相应工期乘以系数1.2计算。

(五)同一合同段多座桥梁同期施工时,分别计算工期。当较长工期为较短工期的1.2倍或1.2倍以上时,则取较长工期作为总工期;若不足1.2倍,则取较短工期的1.2倍作为总工期。

(六)高架桥长度按照市政项目发包的标段长度划分,含引桥和匝道。

第一节 人 行 天 桥

钢筋混凝土灌注桩人行天桥

编号	桥长（m）（含梯道及坡道长度）	单跨长度（m）	工期（天）	
			上部结构类型	
			预制钢梁（钢结构）	预制钢筋混凝土梁
2-2-1	≤50	≤20	68	73
2-2-2	≤100	≤20	83	88
2-2-3		≤30	88	93
2-2-4	≤200	≤20	118	123
2-2-5		≤30	123	128
2-2-6	≤300	≤20	145	155
2-2-7		≤30	150	160

第二节　梁　式　桥

钢筋混凝土灌注桩梁式桥

编号	桥长(m)	桥面宽度(m)	工期（天）	
			上部结构类型	
			预制安装	现浇
2-2-8	≤20	≤10	83	93
2-2-9		≤20	93	103
2-2-10		≤30	103	113
2-2-11		≤40	113	119
2-2-12		>40	119	129
2-2-13	≤50	≤10	113	128
2-2-14		≤20	119	143
2-2-15		≤30	134	163
2-2-16		≤40	149	174
2-2-17		>40	159	184
2-2-18	≤100	≤10	138	163
2-2-19		≤20	148	174
2-2-20		≤30	163	194
2-2-21		≤40	175	210
2-2-22		>40	185	225
2-2-23	≤200	≤10	179	204
2-2-24		≤20	194	215
2-2-25		≤30	209	235
2-2-26		≤40	220	255
2-2-27		>40	235	271
2-2-28	≤300	≤10	225	250
2-2-29		≤20	240	261
2-2-30		≤30	255	281
2-2-31		≤40	266	301
2-2-32		>40	281	318
2-2-33	≤500	≤10	261	286
2-2-34		≤20	276	301
2-2-35		≤30	291	318
2-2-36		≤40	303	338
2-2-37		>40	318	354

第三节　高架桥(高架道路)

编号	高架桥长(m)	桥面宽度(m)	工期(天)	
			上部结构型式	
			预制安装	现浇
2-2-38	≤1 000	≤20	315	395
2-2-39		≤30	340	420
2-2-40		≤40	375	460
2-2-41		>40	400	490
2-2-42	≤2 000	≤20	365	450
2-2-43		≤30	395	480
2-2-44		≤40	435	520
2-2-45		>40	460	550
2-2-46	≤3 000	≤20	420	510
2-2-47		≤30	450	545
2-2-48		≤40	495	590
2-2-49		>40	530	630

第四节　地下人行通道

编号	深度(m)	宽度(m)	工期(天)
2-2-50	≤15	≤5	66
2-2-51		≤10	79
2-2-52		≤15	87
2-2-53	≤30	≤5	87
2-2-54		≤10	104
2-2-55		≤15	117
2-2-56	≤45	≤5	91
2-2-57		≤10	110
2-2-58		≤15	125
2-2-59	≤60	≤5	96
2-2-60		≤10	113
2-2-61		≤15	130

第五节　隧　道　工　程

盾构法

编号	盾构直径(m)	掘进长度(m)	工期(天)
2-2-62		≤600	235
2-2-63		≤800	260
2-2-64		≤1 000	285
2-2-65		≤1 100	297
2-2-66	≤12	≤1 200	310
2-2-67		≤1 300	323
2-2-68		≤1 400	335
2-2-69		≤1 500	348
2-2-70		每增加100 m增加工期	15
2-2-71		≤600	270
2-2-72		≤800	295
2-2-73		≤1 000	320
2-2-74		≤1 100	345
2-2-75	≤16	≤1 200	365
2-2-76		≤1 300	380
2-2-77		≤1 400	400
2-2-78		≤1 500	418
2-2-79		每增加100 m增加工期	17

明挖法

编号	隧道宽度(m)	掘进长度(m)	工期(天)
2-2-80		≤300	210
2-2-81	≤15	≤700	250
2-2-82		≤1 000	280
2-2-83		每增加100 m增加工期	20
2-2-84		≤300	250
2-2-85	>15	≤700	290
2-2-86		≤1 000	320
2-2-87		每增加100 m增加工期	35

顶管法/箱涵顶进

编号	断面面积(m²)	顶进长度(m)	工期(天)
2-2-88	≤50	≤30	140
2-2-89		≤45	148
2-2-90		>60	159
2-2-91	>50	≤30	165
2-2-92		≤45	177
2-2-93		>60	192

第三章　城市地下综合管廊工程

说　明

一、本章包括土方工程、基坑工程、结构工程、照明系统、消防系统、通风系统安装工程,不包括地基处理、智能系统、电力、通信、广播电视、燃气、热力、给水、排水等专业管线安装工程及相关外部管线外部接口、碰口。

二、管廊的长度按设计长度计算,当城市地下综合管廊工程实际长度在定额相邻子目长度区间时,按内插法计算工期。

三、城市地下综合管廊的断面面积按结构标准断面外围尺寸计算,当断面面积不同时,按加权平均值计算。

四、城市地下综合管廊工程按照明挖基坑编制,区分断面尺寸、按设计长度套用相应子目。城市地下综合管廊工程采用盾构施工的,执行城市轨道交通相应项目。

城市地下综合管廊工程

施工方法:现浇混凝土(明挖法)

编号	长度(m)	断面尺寸面积(m²)	工期(天)
2-3-1	≤1 000	≤20	250
2-3-2		≤35	300
2-3-3		≤55	350
2-3-4		>55	380
2-3-5	≤2 000	≤20	350
2-3-6		≤35	420
2-3-7		≤55	475
2-3-8		>55	520
2-3-9	≤3 000	≤20	420
2-3-10		≤35	490
2-3-11		≤55	550
2-3-12		>55	610
2-3-13	>3 000	≤20	480
2-3-14		≤35	560
2-3-15		≤55	630
2-3-16		>55	700

第三部分 城市轨道交通工程

说　明

一、本部分定额包括土建和轨道工程、设备安装工程,共 2 章。适用于上海市行政区域内的城市轨道交通工程。车辆基地中的工程,工期按工程所属专业分别执行"建筑安装工程""市政工程"和"城市轨道交通工程"工期定额。

二、城市轨道交通工程工期是指单项(位)工程工期,即单项(位)工程自工程桩或围护桩施工之日起,至完成各章节所包含的全部工程内容并达到国家和上海市验收标准之日止的日历天数(包括法定节假日),不包括"三通一平"、打试验桩、地下障碍物处理等施工准备和竣工文件编制所需的时间。

盾构工程不包括始发端和接收端加固工期。

三、依据本定额计算工期天数,结果如有小数,最终结果应采用"进一法"取整数计算。

第一章　土建和轨道工程

说　明

一、本章包括车站工程、区间工程、车站装修工程和轨道工程。

二、土建工程包含的内容有主体结构、围护结构、附属结构,不含设备安装和装修工程。

三、轨道工程包括铺道床、铺道岔、铺轨等工程的全部工作内容。

四、车站土建工程工期包括土建结构和装修工程工期;装修工程工期仅作为总、分包之间确定分包合同工期的依据。

五、车站建筑面积按照《建筑工程建筑面积计算规范》(GB/T 50353—2013)中"计算建筑面积的规定"计算。

六、土建车站工程的实际建筑面积在两个定额子目范围内时,按内插法计算工期;土建区间工程和轨道工程的实际长度在两个定额子目范围内时,按内插法计算工期。车站工程层数超出本定额时,可按定额中相同面积最高相邻层数的工期差值增加工期。

七、明挖工程:明挖基坑采用全封闭围护施工的,包括围护、降水工程、土方开挖和结构工期。明挖工程按上海地区土质编制,若遇暗浜、流砂等其他特殊地质情况,工期应按具体实施方案计算。

八、盖挖工程按综合土质编制,若遇暗浜、流砂等其他特殊地质情况,工期应按具体实施方案计算。

九、盾构工程

(一)盾构工程按区间结构外径 7 m 以内编制,盾构区间结构外径大于 7 m 的,按实际工程情况核算工期。

(二)盾构工程工期从设备下井组装开始计算,包括盾构组装调试、拆卸、维修和刀具更换时间,不包括始发(接收)井施工。始发(接收)井单独施工的,增加工期 150 天。

(三)盾构工程始发按地下整体一次始发计算;当采用分体始发时,另增加工期 30 天。

(四)盾构工程工期按单洞单机推进计算;当双洞双机同时推进时,另增加工期 30 天。

(五)盾构工程以过站方式连续施工 2 个盾构区间时,应减去工期 30 天;盾构穿过已完成的区间内附属结构时,增加工期 30 天。

(六)盾构工程完成后进行下列结构施工时增加工期的计算方法:暗挖联络通道增加工期 30 天;暗挖泵站(或与联络通道合建)增加工期 60 天;暗挖风道增加工期 150 天。多项同时发生时,按最长的工期计算。

(七)盾构工程工期按上海的一般土质(粉质黏土、淤泥质黏土、粉砂等)情况编制,若遇穿越河道、重要管线、建(构)筑物等特殊情况,工期应按具体实施方案计算。

(八)联络通道采用冻结法暗挖施工,含泵站。

十、车辆基地轨道工程工期按每座 150 天计算。

十一、地铁车站出入口(地下)另外增加的,其定额工期参照本定额第二部分第二章的地下人行通道部分。

第一节　车 站 工 程

一、明挖车站

编号	层数（层）	建筑面积（m²）	工期（天）	其中:结构工期（天）
3-1-1	≤2	≤5 000	655	540
3-1-2		≤10 000	705	580
3-1-3		≤15 000	755	620
3-1-4		≤20 000	805	660
3-1-5		≤25 000	855	710
3-1-6		≤30 000	905	760
3-1-7		＞30 000	955	810
3-1-8	≤3	≤5 000	685	570
3-1-9		≤10 000	745	610
3-1-10		≤15 000	805	670
3-1-11		≤20 000	865	730
3-1-12		≤25 000	925	790
3-1-13		≤30 000	985	840
3-1-14		≤35 000	1 045	890
3-1-15		＞35 000	1 105	940

二、盖挖车站

编号	层数（层）	建筑面积（m²）	工期（天）	其中:结构工期（天）
3-1-16	≤2	≤10 000	750	610
3-1-17		≤15 000	795	650
3-1-18		≤20 000	850	695
3-1-19		≤25 000	905	745
3-1-20		＞25 000	955	785
3-1-21	≤3	≤10 000	810	670
3-1-22		≤15 000	860	715
3-1-23		≤20 000	915	765
3-1-24		≤25 000	970	825
3-1-25		＞25 000	1 025	880

三、地面车站

编号	结构类型	层数(层)	建筑面积(m²)	工期(天)	其中:结构工期(天)
3-1-26	钢筋混凝土结构	≤2	≤5 000	320	270
3-1-27			≤10 000	345	285
3-1-28			≤15 000	370	305
3-1-29			≤20 000	395	325
3-1-30			>20 000	420	350
3-1-31		≤3	≤10 000	380	315
3-1-32			≤15 000	405	335
3-1-33			≤20 000	430	355
3-1-34			>20 000	455	380

四、高架车站

编号	结构类型	层数(层)	建筑面积(m²)	工期(天)	其中:结构工期(天)
3-1-35	钢筋混凝土结构	≤3	≤5 000	410	305
3-1-36			≤8 000	435	330
3-1-37			≤10 000	460	355
3-1-38			>10 000	485	380
3-1-39	钢筋混凝土与钢结构		≤5 000	405	300
3-1-40			≤8 000	430	325
3-1-41			≤10 000	450	345
3-1-42			>10 000	475	370

第二节　区 间 工 程

一、明挖区间

编号	区间长度(m)	总工期(天)	其中:结构工期(天)
3-1-43	≤400	368	278
3-1-44	>400	420	333

二、盾构区间

编号	区间长度(m)	工期(天)
3-1-45	≤1 000	160
3-1-46	≤1 200	180
3-1-47	≤1 400	200
3-1-48	≤1 600	220
3-1-49	≤1 800	240
3-1-50	≤2 000	260
3-1-51	每增加 200 m 增加工期	20

三、U 形槽区间及地面过渡段区间

编号	结构类型	单向开挖长度(m)	总工期(天)	其中:结构工期(天)
3-1-52	钢筋混凝土	≤200	255	170
3-1-53		>200	315	240

四、高架区间

编号	区间长度(m)	总工期(天)
3-1-54	≤1 500	245
3-1-55	≤2 000	260
3-1-56	≤2 500	280
3-1-57	≤3 000	290
3-1-58	>3 000	300

五、联络通道

施工方法:冻结法暗挖施工

编号	通道长度(m)	工期(天)
3-1-59	≤15	100
3-1-60	≤20	120
3-1-61	>20	150

施工方法:冻结法暗挖施工

第三节　车站装修工程

编号	车站类型	建筑面积(m²)	工期(天)
3-1-62	地面站	≤10 000	125
3-1-63		>10 000	150
3-1-64	高架站	≤10 000	120
3-1-65		>10 000	145
3-1-66	地下站	≤10 000	210
3-1-67		>10 000	240

第四节　轨　道　工　程

一、轨道工程正线铺轨

编号	正线线路长度(km)	工期(天)
3-1-68	≤10	165
3-1-69	≤15	205
3-1-70	≤20	225
3-1-71	≤25	245
3-1-72	≤30	265
3-1-73	≤35	280
3-1-74	每增加 5 km 增加工期	15

二、轨道工程高等减振增加

编号	正线线路长度(km)	工期(天)
3-1-75	≤3	18
3-1-76	≤6	36
3-1-77	≤9	54
3-1-78	≤12	72
3-1-79	每增加 5 km 增加工期	18

三、轨道工程特殊减振增加

编号	正线线路长度(km)	工期(天)
3-1-80	≤3	95
3-1-81	≤6	135
3-1-82	≤9	170
3-1-83	≤12	205
3-1-84	每增加 5 km 增加工期	35

第二章　设备安装工程

说　明

一、本章包括车站通用安装、供电、通信、信号、站台门、综合监控、自动售检票、环境与设备监控/火灾报警等系统工程。

二、车站通用安装工程包括通风空调、给排水及消防工程、动力照明等系统工程。

三、本章设备各系统工期施工内容包括设备安装、单机调试、系统调试;设备各系统需做综合联调的,另增加工期60天。

四、供电系统综合考虑了变电所(包括35 kV、10 kV变电所)、接触网(刚性接触网、接触轨等)、环网电缆、杂散电流等工程内容,不含主变电站[包括柔性接触网(所)]。

五、通信系统包括专用通信系统、公安通信系统、政务通信系统、民用通信系统和乘客信息系统。通信系统工期已包含办公自动化系统工期。

六、自动售检票系统不包括票务中心、车辆基地维修检测中心及总控制中心机房建设工期;导向标识系统工期参考本系统工期定额执行。

七、车辆基地系统工程工期计算方法

(一)供电系统工程:按其变电所数量计算工期。

(二)通信、信号、综合监控、自动售检票、环境与设备监控/火灾报警等系统工程:按1个车站并入各系统工程车站数量中计算工期。

八、电梯工程参照本定额第一部分建筑工程第三章专业工程中的电梯工程工期。

第一节　车站通用安装工程

编号	车站类型	建筑面积(m^2)	工期(天)
3-2-1	地面站	≤10 000	145
3-2-2		>10 000	175
3-2-3	高架站	≤10 000	160
3-2-4		>10 000	185
3-2-5	地下站	≤10 000	200
3-2-6		>10 000	215

第二节　供 电 系 统

编号	变电所数量	工期（天）	
		地上	地下
3-2-7	≤10	195	215
3-2-8	≤20	245	270
3-2-9	≤30	285	315
3-2-10	＞30	305	335

第三节 通 信 系 统

编号	车站数量	工期(天)	
		地上	地下
3-2-11	≤10	205	225
3-2-12	≤20	265	285
3-2-13	≤30	325	345
3-2-14	>30	340	360

第四节　信号系统

编号	车站数量	工期(天)	
		地上	地下
3-2-15	≤10	230	250
3-2-16	≤15	260	280
3-2-17	≤20	290	310
3-2-18	≤25	320	340
3-2-19	≤30	350	370
3-2-20	>30	360	380

第五节　站　台　门

编号	车站数量	类型	工期(天)		
			平均站台计算长度(m)		
			≤160	≤200	>200
3-2-21	≤10	封闭站台门	240	260	280
3-2-22	≤15		255	275	295
3-2-23	≤20		270	290	310
3-2-24	≤25		280	305	325
3-2-25	≤30		295	320	340
3-2-26	>30		305	335	355
3-2-27	≤10	半封闭站台门	215	235	255
3-2-28	≤15		230	250	270
3-2-29	≤20		245	265	285
3-2-30	≤25		255	280	300
3-2-31	≤30		270	295	315
3-2-32	>30		280	310	330

第六节　综合监控系统

编号	车站数量	工期(天)
3-2-33	≤10	290
3-2-34	≤15	310
3-2-35	≤20	330
3-2-36	≤25	350
3-2-37	≤30	370
3-2-38	>30	390

第七节　自动售检票

编号	车站数量	工期(天)		
		平均单站闸机数量(台)		
		≤20	≤30	>30
3-2-39	≤10	235	255	270
3-2-40	≤15	250	270	285
3-2-41	≤20	265	285	300
3-2-42	≤25	280	300	315
3-2-43	≤30	295	315	330
3-2-44	>30	305	335	350

第八节　环境与设备监控/火灾报警系统

编号	车站数量	工期（天）		
		平均单站建筑面积（m²）		
		≤15 000	≤20 000	>20 000
3-2-45	≤10	210	230	250
3-2-46	≤15	230	250	270
3-2-47	≤20	250	270	290
3-2-48	≤25	270	290	310
3-2-49	≤30	290	310	330
3-2-50	>30	300	320	340

上海市建设工程施工工期定额

（建筑、市政、城市轨道交通工程）

SH T0—80(01)—2022

宣 贯 材 料

上海市建筑建材业市场管理总站
上海建科工程咨询有限公司 主编

同济大学出版社

2023 上海

前　言

为了合理确定本市建设工程的施工工期，适应建筑工业化对工期带来的影响，根据上海市住房和城乡建设管理委员会《关于批准发布〈上海市建设工程施工工期定额（建筑、市政、城市轨道交通工程）(SH T0—80(01)—2022)〉的通知》（沪建标定〔2022〕351号）的要求，《上海市建设工程施工工期定额（建筑、市政、城市轨道交通工程）(SH T0—80(01)—2022)》（以下简称"本定额"）自2022年10月1日起实施。

根据上海市住房和城乡建设管理委员会定额编制计划（沪建标定〔2019〕545号）要求，由上海市建筑建材业市场管理总站组织修编本定额。修编中，分析了《上海市建设工程施工工期定额（建筑、市政和城市轨道交通工程）(SH T0—80(01)—2011)》中存在的问题，收集了近年来工程建设工期数据，并在广泛征求各方意见的基础上，按照定额修编的程序和要求完成了定额的编制工作。本定额在建设前期主要作为项目评估、决策、设计时按合理工期组织建设的依据，还可作为编审设计任务书和初步设计文件时确定建设工期的依据，对于编制施工组织设计、项目投资估算、设计概算及鉴定合同工期具有指导作用。

为配合本定额的宣贯实施，上海市建筑建材业市场管理总站组织有关专家编写了《上海市建设工程施工工期定额(SH T0—80(01)—2022)宣贯材料)》。该材料系统介绍了定额编制概况，各部分的概况、特点、定额修编情况、定额使用中应注意的问题等，有助于相关人员准确把握定额的内容，尽快熟悉、掌握和使用。

上海市建筑建材市场管理总站

2022年8月

目　　录

第一篇　定额编制概况

一、编制背景及过程

（一）编制背景

《上海市建设工程施工工期定额（建筑、市政和轨道交通工程）（SH T0—80(01)—2011）》（以下简称"2011工期定额"）发布至今已有10余年，随着建筑业的快速发展，技术标准的不断提高，工业化建筑普遍使用，加之"四新技术"广泛应用，相应建设工程施工工期定额与现行实行情况产生较多偏差，存在较多缺项与不合理，已不能适应当前建筑业发展的需要。修编本市工期定额工作迫在眉睫。

根据上海市住房和城乡建设管理委员会《关于印发〈2020年度上海市工程建设及城市基础设施养护维修定额编制计划〉的通知》（沪建标定〔2019〕545号）的精神，以及《上海市建设工程工期定额修编大纲》的要求，在各级领导、各相关部门的大力支持、帮助和配合下，由上海市建筑建材业市场管理总站（以下简称"市场管理总站"）组织，上海建科工程咨询有限公司组成编制工作组，承担了《上海市建设工程施工工期定额（SH T0—80(01)—2022）》（以下简称"本定额"）的修编工作。

本定额修编工作自2020年4月启动，2022年2月形成报批稿，历时近2年时间。经过编制组全体参编单位的共同努力，于2022年8月1日经上海市住房和城乡建设管理委员会沪建标定〔2022〕351号文发布，自2022年10月1日起实施。

（二）编制过程

本定额自2020年4月开始修编，主要经历6个阶段。

1. 编制大纲阶段（2020年4—5月）

2020年5月20日，完成本定额修编大纲评审。修编大纲对指导思想、主要目标、编制原则、适用范围、编制依据、编制方法、工作要求进行了阐述，确定了主要工作内容、本定额的总体框架、组织与分工以及工作进度计划。

2. 定额章节及子目划分阶段（2020年6—8月）

2020年8月6日，审定通过了定额章节子目划分。依据"2011工期定额"的章节设置，结合全国、北京、河北等工期定额章节子目，对本定额章节子目进行了初步拟定和设置，保留、删除并新增了部分定额。

3. 定额修编初稿阶段（2020年9月—2021年10月）

2021年10月15日，邀请业内专家对定额初稿进行评审。对工期定额编制方法、编制方案、文字说明和工期计算规则、工期数据的合理性进行了论证，并提出宝贵意见。会后，通过对专家意见的整理汇总，达成了统一修改原则。

4. 征求意见稿及水平测算阶段（2021年10—11月）

2021年10月18日，完成本定额征求意见稿，并报送市场管理总站，于2021年10月20日进行网上公示，同时定向征求部分公司意见。与此同时，选择典型工程案例（房建工程18个、市政工程3个、轨道交通工程1个）进行水平测算。

5. 送审稿阶段（2021年11—12月）

2021年12月14日，召开专家评审会。评审会上，专家对送审稿的内容进行审阅和探讨，针对定额文本细节提出了修改意见。

6. 报批稿阶段（2022年1—6月）

编制组根据送审稿评审会上专家意见对工期计算规则进行梳理和完善，对定额中文字错误和用词不当方面进行了修改，对工期调整进行了说明，对工期测算水平进行了技术性说明。

二、编制依据

1. 《上海市建设工程施工工期定额(建筑、市政和轨道交通工程)(SH T0—80(01)—2011)》
2. 《全国统一建筑安装工程工期定额》(建标〔2016〕161 号)
3. 国家及本市现行工程规范、规定、标准(图集)
4. 全国和各省市相关的行业定额标准
5. 现行建设工程劳动定额、基础定额
6. 现行建设工程设计标准、施工验收规范、安装操作规程、质量评定标准
7. 已完工程合同工期、实际工期的调研、测算资料

三、编制原则

本定额修编原则主要围绕"客观性""普遍性""科学性""实用性"四个方面展开。

1. 客观性

上海市建设工程施工工期定额是由建设行政主管部门或有关行业主管部门,以客观事实和广泛调查研究为基础进行编写、制订、发布,符合法律法规、政策规章、标准规范的要求。

上海市建设工程施工工期定额作为确定建设项目工期和工程承发包合同工期的技术标准,是考核工程项目工期的客观标准和对工期实施宏观控制的参考依据。

2. 普遍性

上海市建设工程施工工期定额是根据国家建筑工程质量检验评定标准、施工及验收规范等有关规定,依据正常的建设条件和施工程序,按正常施工条件、常用施工方法、合理劳动组织,结合大多数企业施工技术、装备和管理水平,综合考虑了冬期施工、雨季施工、一般气候影响、常规地质条件和节假日等规定编制的,具有普遍适用性。

3. 科学性

上海市建设工程施工工期定额的制订、审查等工作采用科学的方法和手段进行统计、测定和计算等。

4. 实用性

上海市建设工程施工工期定额在建设前期主要作为项目评估、决策、设计时按合理工期组织建设的依据,还可作为编审设计任务书和初步设计文件时确定建设工期的依据。对于编制施工组织设计、项目投资估算、设计概算和工程招标投标及鉴定合同工期具有指导作用。此外,也可作为提前或延误工期进行奖罚、工程结算、竣工期调价的依据。

四、编制特点

1. 增加装配式结构,体现上海市建筑工业化发展特点

为适应上海市装配式建筑发展需要,增加装配式混凝土结构、钢结构建设工程施工工期定额,为装配式建筑工程工期的确定提供参考。

2. 增加超高层、钢结构等建筑类型,建设工程分类更加科学

民用建筑工程增加了福利院养老院工程、超高层建筑工程、科研建筑工程、交通建筑工程、钢结构工程,与住宅工程、商业建筑工程、旅馆酒店工程、文化建筑工程、卫生建筑工程、办公建筑工程、教学建筑工程、体育建筑工程共 13 个类别,种类齐全、分类合理,更加适合当前及未来各类建筑工程工期的查找

和确定。增加了工业及其他建筑工程,使得建筑工程体系更加完善。

3. 增加专业工程,为建设工程进度安排提供依据

本定额增加了机械土方工程、桩基工程、基坑支护工程、基坑降水工程、基坑加固工程、幕墙工程、装饰装修工程、设备安装工程、电梯工程,为确定专业工程工期和工程进度安排提供参考。

4. 增加高架桥(高架道路),填补了高架桥工期定额的空白

本定额考虑到随着城市规模的扩大,高架道路已成为地面道路的重要补充,通过编制高架桥的工期定额,为建设相关方确定相关工期提供依据。

5. 增加车站装修、轨道和设备安装工程,轨道交通工程更加完善

本定额在 2011 工期定额车站工程和区间工程的基础上,增加车站装修工程、轨道工程和设备安装工程,完善了轨道交通工程项目,为城市轨道交通工程工期的确定提供更全面的参考。

6. 突出结构工期

本定额在给出建设工程总工期的情况下,提供了建设工程结构工期,为建设工程施工安排提供依据。

7. 更新建设工期定额数据

通过调研收集近 3 年来本市建筑工程、市政工程和轨道交通工程项目工期资料,确定合理的施工方法,充分考虑当前建筑工程作业机械化施工程度提高与人工工效的关系,选取合理的施工机械配套和人员配置,在此基础上分析测定工期数据,并对工期定额进行更新和修正。

五、定额的主要内容

本定额分为 3 个部分,共 8 章,主要如下。

第一部分　建筑工程

第一章　民用建筑工程:包括±0.00 以下工程、±0.00 以上工程、±0.00 以上钢结构工程和±0.00 以上超高层建筑工程,共 4 节 987 条定额。

第二章　工业及其他建筑工程:包括厂房工程,仓库工程,冷库、冷藏间工程,汽车库工程,室外停车场、广场工程,垃圾分类处理设施建筑工程,其他建筑工程,共 7 节 193 条定额。

第三章　专业工程:包括机械土方工程、桩基工程、基坑支护工程、基坑降水工程、基坑加固工程、幕墙工程、装饰装修工程、设备安装工程、电梯工程,共 9 节 512 条定额。

第二部分　市政工程

第一章　道路工程:包括沥青混凝土道路和水泥混凝土道路,共 2 节 108 条定额。

第二章　桥梁与隧道工程:包括人行天桥、梁式桥、高架桥(高架道路)、地下人行通道和隧道工程,共 5 节 93 条定额。

第三章　城市地下综合管廊工程,共 16 条定额。

第三部分　城市轨道交通工程

第一章　土建和轨道工程:包括车站工程、区间工程、车站装修工程和轨道工程,共 4 节 84 条定额。

第二章　设备安装工程:包括车站通用安装、供电系统、通信系统、信号系统、站台门、综合监控系统、自动售检票、环境与设备监控/火灾报警等系统工程,共 8 节 50 条定额。

六、定额的组成内容及表现形式

1. 总说明

本定额的编制依据、适用范围、定额作用、工期定义、考虑条件、工期调整等。

2. 部分、章说明及工期计算规则

(1) 本部分包括定额项目内容、工期时间、有关规定及其他说明。

(2) 本章包括定额项目内容、工期时间、有关规定及其他说明。

(3) 与本部分/本章工期定额有关的计算规则。

3. 部分、章、子目划分

按照专业类型、建筑类型、单项工程、单位工程、分部分项工程等进行划分。

4. 定额编号表现形式

定额编号按照部分、章、子目编码。

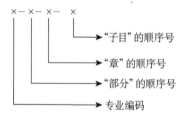

5. 定额表现形式

具体表现形式详见定额图书。

七、定额章节及子目数量的变化

本定额与 2011 工期定额相比有较大的变化,主要体现在以下几个方面。

1. 章节设置的变化

(1) 建筑工程

建筑工程部分增加了民用建筑工程的类型,新增了工业及其他建筑工程和专业工程。

民用建筑工程增加了福利院养老院工程、超高层建筑工程、科研建筑工程及交通建筑工程;2011 工期定额综合楼调整为商业建筑工程(包括购物中心、超市及大卖场、批发市场、交易所、餐厅);2011 工期定额影剧院并入文化建筑工程,医院门诊楼并入卫生建筑工程,并给出不同结构类型下各类工程的工期。

新增工业及其他建筑工程包括厂房工程,仓库工程,冷库、冷藏间工程,汽车库工程,室外停车场、广场工程,垃圾分类处理设施建筑工程,其他建筑工程。

新增专业工程包括机械土方工程、桩基工程、基坑支护工程、基坑降水工程、基坑加固工程、幕墙工程、装饰装修工程、设备安装工程、电梯工程。

(2) 市政工程

对道路工程进行细化,分成沥青混凝土道路和水泥混凝土道路。新增人行天桥、地下人行通道、高架桥(高架道路)和城市地下综合管廊工程,删除了排水管道工程。

(3) 城市轨道交通工程

车站工程部分增加盖挖车站、地面车站和高架车站。区间工程增加了明挖区间、U 形槽区间及地面过渡段区间、高架区间、联络通道。新增车站装修工程、轨道工程和设备安装工程,其中设备安装工程包括车站通用安装、供电系统、通信系统、信号系统、站台门、综合监控系统、自动售检票、环境与设备监控/火灾报警系统。

2. 定额子目设置的变化

为适应上海市建设工程情况,为工程施工提供合理准确工期,在定额修编时做了必要修改。经过调整,子目变化情况如下:

2011 工期定额共 3 章,8 节,1 851 条定额。其中,需删除定额 284 条(占 2011 工期定额的 15.3%)。

本定额共 3 部分,8 章,2 043 条定额。其中,保留合并 2011 工期定额 1 567 条(占本定额的 76.7%),新增 476 条(占本定额的 23.3%)。

章节设置变化及定额子目数量变化详见表 1-1。

表 1-1 章节及子目数量变化

2011 工期定额		本定额		子目数量差额
章节名称	子目数	部分、章节名称	子目数	
第一章 建筑工程		第一部分 建筑工程		
		第一章 民用建筑工程		
第一节 ±0.00 以下工程	44	第一节 ±0.00 以下工程	46	2
第二节 ±0.00 以上工程	931	第二节 ±0.00 以上工程	804	−127
		第三节 ±0.00 以上钢结构工程	109	109
		第四节 ±0.00 以上超高层建筑工程	28	28
		第二章 工业及其他建筑工程	193	193
		第三章 专业工程	512	512
第二章 市政工程		第二部分 市政工程		
第一节 城市道路工程	448	第一章 道路工程	108	−340
第二节 排水管道工程	185			
第三节 桥梁工程	198	第二章 桥梁与隧道工程	49	−149
第四节 隧道工程	18		44	26
		第三章 城市地下综合管廊工程	16	16
第三章 轨道交通工程		第三部分 城市轨道交通工程		
第一节 车站工程	13	第一章 土建和轨道工程	42	29
第二节 区间工程	14		42	28
		第二章 设备安装工程	50	50

八、定额水平测算

本次水平测算选择了房建工程中的住宅、福利院养老院、商业建筑、文化建筑、卫生建筑、办公建筑和教学建筑,市政工程中的道路以及轨道交通工程进行工期定额的水平测算。通过对建设项目的工期测算,本定额能够较好地符合目前及未来情况下的上海市建设水平。本定额测算的总工期比 2011 工期定额水平有一定幅度的提高(所需施工工期有所减少);由于上海市地质为软土地基,地基处理较为复杂,与北京工期定额(2018)、全国工期定额(2016)相比,本定额地下工程工期较长;上海市地上工程建设水平较高,其工期比北京和全国的定额工期略短,在建设工程总工期上总体上差值在±10%以内。

第二篇　各部分编制概况

第一部分　建筑工程

一、概　况

本部分定额分为 3 章,共 1 692 条定额。其中,第一章民用建筑工程 987 条,第二章工业及其他建筑工程 193 条,第三章专业工程 512 条。

二、本部分特点

本部分定额适用于上海市行政区域内新建、扩建的建筑工程。

三、定额修编情况

1. 本部分的定额工期是指单项(位)工程工期,即单项(位)工程自打基础桩或地基与基础工程挖土之日起,至完成各章节所包含的全部工程内容并达到国家和上海市验收标准之日止的日历天数(包括法定节假日),不包括"三通一平"、打试验桩、地下障碍物处理等施工准备和竣工文件编制所需的时间。

2. 工期计算规则

(1) 同期施工的群体工程中包括 2 个或 2 个以上单项(位)工程时,建设工程项目总工期以最大单项(位)工程的工期为基数,加上其他单项(位)工程的工期总和乘系数计算:加 1 个乘以系数 0.15;加 2 个乘以系数 0.1;加 3 个乘以系数 0.08;4 个以上的单项(位)工程不再计算增加工期。

(2) 层数以建筑物自然层数计算,设备层、管道层和避难层等应计算层数,出屋面的楼梯间、电梯间和水箱间不计算层数。

(3) 单项(位)工程工期按 ±0.00 以下工程与 ±0.00 以上工程定额子目的工期之和计算。单项(位)工程的层数超出本定额范围时,其工期按实际情况另行计算。

(4) ±0.00 以下工程

① 无地下室工程工期按首层建筑面积计算,有地下室的按地下室建筑面积总和计算。

② 单项(位)工程 ±0.00 以下工程由 2 种或 2 种以上基础类型组成的,按不同类型部分的面积和层数查出相应工期相加计算。

③ 独立的地下车库工程或单项(位)执行有地下室工程相应的定额子目工期。顶面覆土厚度在 1 m 以内时,不另增加工期;覆土厚度在 2 m 以内时,按最大单层建筑面积每 1 000 m² 增加工期 5 天;覆土厚度超过 2 m 时,按最大单层建筑面积每 1 000 m² 增加工期 10 天。

(5) ±0.00 以上工程

① 工期按 ±0.00 以上部分建筑面积总和或单层平均建筑面积(±0.00 以上超高层建筑工程)计算。

② 单项(位)工程 ±0.00 以上结构相同,使用功能不同的:无变形缝时,按不同使用功能对应建筑面积占比大的计算工期;有变形缝时,先按不同使用功能的面积分别计算工期,再以其中一个最大工期为基数,另加其他部分工期的 12% 计算。

③ 单项(位)工程 ±0.00 以上由 2 种或 2 种以上结构类型组成的:无变形缝时,先按全部面积计算

11

不同结构的相应工期,再按不同结构各自的建筑面积加权平均计算;有变形缝时,先按不同结构各自的面积计算相应工期,再以其中一个最大工期为基数,另加其他部分工期的12%计算。

④ 单项(位)工程±0.00以上层数不同的:有变形缝时,先按不同层数各自的面积计算相应工期,再以其中一个最大工期为基数,另加其他部分工期的12%计算。

⑤ 单项(位)工程±0.00以上分成若干个独立部分时,先按各独立部分计算相应工期,再以其中一个最大工期为基数,另加其他部分工期的12%计算,4个以上独立部分不再另增加工期。±0.00以上有整体部分的,将其并入最大部分工期中计算。

3. 第二章工业及其他建筑工程施工内容包括基础、结构、装修和设备安装等全部工程内容。

4. 第二章工业及其他建筑工程厂房指加工、装配、五金、一般纺织、电子、服装及无特殊要求的装配车间。

四、定额使用中应注意的问题

1. ±0.00以下工程中无地下室工程,按基础类型及首层建筑面积划分,定额子目工期包括±0.00以下全部工程内容,不含桩基和地基处理工程。

2. ±0.00以下工程中有地下室工程,按地下室层数及地下室建筑面积划分,定额子目工期为完成±0.00以下土方、基础结构、围护工程、装饰装修、通用安装等工程施工的时间,其中结构工期包括土方、基础及结构等工程,不含桩基和地基处理等工程。

3. ±0.00以下工程,对于采用非常规工艺,当地质条件复杂或受周边地铁、高层(超高层)建筑等环境影响时,其工期可通过专家评审确定或者在本定额的基础上自行确定。

4. ±0.00以上工程定额子目工期为完成±0.00以上结构、装饰装修、通用安装等工程施工的时间;其中结构工期为完成结构工程的工期。

5. 根据上海市住房和城乡建设管理委员会《关于印发〈上海市装配式建筑单体预制率和装配率计算细则〉的通知》(沪建建材〔2019〕765号),民用建筑工程中装配式混凝土结构工程施工工期按照预制装配率40%编制。装配率每增加5%(不足5%按5%计算),定额工期相应减少1%。

6. 本定额工期包含地块范围内的水、电、煤及其他配套管线安装工期和绿化工期。

7. ±0.00以上超高层建筑单层平均面积按主塔楼±0.00以上总建筑面积除以地上总层数计算。

8. 文化建筑中音乐厅(歌剧院)因其声学设计和音质控制要求,其中±0.00以上工期可乘以系数1.5或自行协商确定。

9. 第二章工业及其他建筑工程所列的工期天数均不含地下室工期,地下室工期执行第一章相应子目乘以系数0.8。

10. 单层厂房的主跨高度以9 m为准,高度在9 m以上时,每增加2 m增加工期10天,不足2 m者不增加工期。

多层厂房层高在4.5 m以上时,每增加1 m增加工期5天,不足1 m者不增加工期,每层单独计取后累加。

厂房主跨高度指自室外地坪至檐口的高度。

11. 单层厂房的设备基础体积超过100 m³时,另增加工期10天;超过500 m³时,另增加工期15天;超过1 000 m³时,另增加工期20天。带钢筋混凝土隔振沟的设备基础,隔振沟长度超过100 m时,另增加工期10天;超过200 m时,另增加工期15天;超过500 m时,另增加工期20天。

12. 冷库工程工期不适用于山洞冷库、地下冷库和装配式冷库工程。

13. 带站台的仓库(不含冷库工程),单项(位)工程工期按本定额中仓库相应子目乘以系数1.15计算。

14. 机械土方工程工期按不同挖深、土方量列项,包含土方开挖和运输。机械土方工程的开工日期以基槽开挖开始计算,工期计算考虑连续开挖,不包括开工前的准备工作时间及支撑施工时间。

机械土方工程工期按单台机械作业编制,采用多台机械同时作业时,乘以表2-1中相应系数计算工期。

表2-1 机械土方工程多台机械同时作业工期系数

挖深(m)	挖土机台数	
	2台	3台及以上
≤5	0.6	0.45
≤10	0.7	0.5
>10	0.8	0.55

15. 桩基工程工期依据不同土的类别条件编制,土的分类参照《房屋建筑与装饰工程工程量计算规范》(GB 50854—2013),见表2-2。

表2-2 土的分类

土的分类	土的名称
Ⅰ、Ⅱ类土	粉土、砂土(粉砂、细砂中砂、粗砂、砾砂)、粉质黏土、弱中盐渍土、软土(淤泥质土、泥炭、泥炭质土)、软塑红黏土、冲填土
Ⅲ类土	黏土、碎石土(圆砾、角砾)混合土、可塑红黏土、硬塑红黏土、强盐渍土、素填土、压实填土
Ⅳ类土	碎石土(卵石、碎石、漂石、块石)、坚硬红黏土、超盐渍土、杂填土

(1)打桩开工日期以第一根桩开始计算,包括桩的现场搬运、就位、打桩、压桩、接桩、送桩和钢筋笼制作安装等工作内容;不包括施工准备、机械进出场、试桩、检验检测时间。

(2)预制桩的工期不区分施工工艺,均按桩深和工程量计算。

(3)桩基工程工期按单台机械作业编制,采用多台机械同时作业时,乘以表2-3中相应系数计算工期。

表2-3 桩基工程多台机械同时作业工期系数

桩深(m)	桩机台数	
	2台	3台及以上
≤40	0.6	0.45
>40	0.7	0.5

同一工程采用不同施工方式同时作业时,各自计算工期取最大值。

16. 基坑支护工程

(1)基坑支护包括钢筋混凝土灌注桩、型钢水泥土搅拌墙支护和地下连续墙。

(2)基坑支护工期不包括施工准备、机械进场、试桩及检验检测时间。

(3)基坑支护工程工期按单台机械作业编制,采用多台机械同时作业时,乘以表2-4中相应系数计算工期。

表2-4 基坑支护工程多台机械同时作业工期系数

挖深(m)	钻机台数	
	2台	3台及以上
≤10	0.6	0.45
≤20	0.7	0.5
≤30	0.8	0.55

17. 基坑降水工程

（1）基坑降水工程包括管井降水工程和轻型井点降水工程。

（2）基坑降水工程工期指包括降水井成井、井管安装、安装降排水设施及调试等时间，不包括施工准备、机械进场、降水周期抽排水时间。

（3）降水工程工期按单台机械作业编制，采用多台机械同时作业时，乘以表2-5和表2-6中相应系数计算工期。

表2-5 管井降水工程多台机械同时作业工期系数

挖深(m)	钻机台数	
	2台	3台及以上
≤10	0.6	0.45
≤20	0.7	0.5
≤30	0.8	0.55

表2-6 轻型井点降水工程多台机械同时作业工期系数

钻机台数	2台	3台及以上
系数	0.6	0.45

18. 基坑加固工程

（1）基坑加固工程主要包括注浆法和高压旋喷注浆法。

（2）基坑加固工程工期指基坑加固工程开始至完成本项工作为止，不包括施工准备、机械进场及检测、材料检验时间。

（3）基坑加固工程工期按单台机械作业编制，采用多台机械同时作业时，乘以表2-7中相应系数计算工期。

表2-7 基坑加固工程多台机械同时作业工期系数

挖深(m)	钻机台数	
	2台	3台及以上
≤10	0.6	0.45
≤20	0.7	0.5
≤30	0.8	0.55

19. 幕墙工程

（1）幕墙工程包括构件式和单元式/装配式两种结构形式，按幕墙高度、幕墙装修面积进行计算。工期自幕墙工程转接件施工之日起至幕墙封闭之日止，按连续施工计算，不考虑外部因素的影响。

（2）幕墙工程高度超过250 m，可按相应面积每百米级差天数增加工期或专项方案论证工期。

（3）幕墙根据用途、材质和构建等的不同，分别乘以以下难度系数：

① 只有装饰功能的幕墙项目工期，根据对应幕墙种类工期乘以系数0.85计算。

② 点支幕墙和吊挂全玻璃幕墙工期，按构件式幕墙工期乘以系数0.9计算。

③ 曲面幕墙、斜面幕墙工期，根据对应幕墙种类工期乘以系数1.1计算。

④ 双层幕墙、光电幕墙和节能幕墙工期，根据对应幕墙种类工期乘以系数1.2计算。

⑤ 异型分格较多、线条较复杂的构件幕墙工期，按构件式幕墙工期乘以系数1.2计算。

20. 装饰装修工程

（1）装饰装修工程工期指开始施工至完成相应工作内容，达到国家和上海市验收标准之日止的日历天数。

（2）室内装饰装修工程内容包括建筑物内的楼地面、天棚、墙柱面、室内门窗、轻质隔墙、隔断、固定家具、室内装修有关基层处理、装修相关水电工程、措施等。

（3）外墙装饰装修工程包括基层处理、幕墙安装、防火保温处理、措施项目等。幕墙未包含预埋件制作、安装的工期，未包含大空间场站类建筑、大型幕墙专用钢结构的安装工期。

（4）装饰装修工程的划分标准见本定额表1-1-1。

（5）室内装饰装修工程的工期，不区分±0.00以下、±0.00以上，按装饰装修施工部分建筑面积、装饰装修标准计算。单项（位）工程具有混合功能的，按其各使用功能对应建筑面积占比大的功能计算。

21. 设备安装工程

（1）本定额适用于民用建筑设备安装和一般工业建筑的设备安装工程。

（2）设备安装工程包括变配电室设备、开闭所、发电机房、空压站、消防自动报警系统、消防灭火系统、锅炉房、通风空调系统、制冷机房、冷库和冷藏间安装。设备安装工程工期是指从土建交付安装并具备连续施工条件起（不包含主要设备订货时间），至完成承担的全部设计内容并达到国家建筑安装工程施工验收标准的日历天数。设备安装工程中预留、预埋工程已综合考虑在建筑工程总工期中，不再单独列项。

（3）设备安装工程中的电气、给水排水及采暖专业工程工期参照该工程通风空调系统安装工程工期计算。

（4）本定额机房的设备安装，不包括室外工程。

22. 电梯工程

（1）电梯工程包括杂物电梯、曳引式电梯、液压电梯、自动扶梯和自动人行道工程。施工工期是指从土建交付安装并具备连续施工条件起，至安装完成的全部日历天数，不包括调试及检验检测时间。

（2）单部电梯

① 杂物电梯按单部载重量≤200 kg编制。

② 曳引式电梯按单部载重量≤1 000 kg编制，每增加100 kg工期增加1.5天。当单部载重量超过3 000 kg时，不再计算增加天数。

③ 液压电梯按单部载重量≤2 000 kg编制，每增加500 kg工期增加5天。

④ 垂直电梯增加轿门、层门时，每增加1个轿门工期增加5天，每增加1个层门工期增加1天。

⑤ 整装自动扶梯定额工期按自动扶梯定额工期乘以系数0.65。

⑥ 公共交通型扶梯按自动扶梯定额工期乘以系数1.5。

⑦ 自动人行道非水平安装时乘以系数1.2。

（3）多部电梯

① 在一个垂直投影区域内安装多部自动扶梯或自动步行道时，工期按如下公式计算：

$$M = M_1 + M_1 \times (n-1) \times 40\%$$

其中：M——在一个垂直投影区域内安装多部自动扶梯或自动人行道的工期；

　　　M_1——安装一部自动扶梯或自动人行道的工期；

　　　n——一个垂直投影区域内安装的自动扶梯或自动人行道的部数。

② 当一个电梯厅中安装多部同种类型垂直电梯时，可按如下公式计算：

$$N = N_1 + N_1 \times (n-1) \times 20\%$$

其中：N——一个电梯厅中安装电梯的工期；

　　　N_1——一个电梯厅中安装的工期数最多的一部电梯的工期；

　　　n——一个电梯厅中安装同种类型电梯的部数。

③ 一个单项（位）工程中有多个电梯厅时，工期的计算：以一个电梯厅的最大工期为基数，加其他电梯厅工期总和乘相应系数计算。加1个乘以系数0.35；加2个乘以系数0.2，加3个乘以系数0.15，4个以上的电梯厅不另增加工期。

2个电梯厅:$T=T_1+T_2\times0.35$

3个电梯厅:$T=T_1+(T_2+T_3)\times0.2$

4个电梯厅:$T=T_1+(T_2+T_3+T_4)\times0.15$

其中，　　　　　T——单项(位)工程电梯总工期;

T_1,T_2,T_3,T_4——单个电梯厅工期,且 $T_1\geqslant T_2\geqslant T_3\geqslant T_4$。

五、建筑工程定额测算案例

某科技园创新平台项目位于浦东张江 B3b-06 地块,用地性质 C6(研发用地),总建筑面积 82 791 m^2,其中地上总建筑面积 54 673 m^2,地下总建筑面积 28 118 m^2,包括 1 栋 20 层科研楼主楼(楼高 99.9 m)和 2 栋 3 层科研楼。其中,1 号楼主楼(20 层科研楼)建筑面积为 48 008.9 m^2。

1. 桩基工程工期计算

本项目桩基工程为钻孔灌注桩和预制桩,桩径、桩长和桩数见表 2-8。

表 2-8 桩基工程工期计算

项目	钻孔灌注桩		预制桩
桩径	80 cm	80 cm	45 cm
桩长	70 m	40 m	30 m
桩数	161 根	236 根	818 根
工期	82 天	60 天	65 天

根据本定额第一部分第三章专业工程的桩基工程,查表得到 3 种类型桩基工期分别是 82 天、60 天和 65 天。根据第一部分第三章专业工程的说明,桩基工程中同一工程采用不同施工方式同时作业时,各自计算工期取最大值。桩基工程工期为 82 天。

2. 地下室工程工期

本项目地下室为 2 层,建筑面积为 28 118 m^2。根据本定额第一部分第一章第一节±0.00 以下工程中有地下室工程部分,查表其工期为 340 天。

3. 地上工程工期

本项目建筑名称、建筑结构、层数及建筑面积见表 2-9。

表 2-9 地上工程明细

建筑名称	结构形式	地上层数	地上建筑面积(m²)
A1 单体	核心筒结构	20	54 672.9
A2 单体	框架结构	3	3 210
A3 单体	框架结构	3	3 210

本项目为研发工程,定额工期查表为科研建筑工程,A1 单体工期查表为 695 天,A2 和 A3 单体工期查表均为 235 天。

根据本定额第一部分第一章民用建筑工程工期计算规则,单项(位)工程±0.00 以上由 2 种或 2 种以上结构类型组成的,有变形缝时,先按不同结构各自的面积计算相应工期,再以其中一个最大工期为基数,另加其他部分工期的 12%计算。

地上工期=695+235×2×12%=751.4,四舍五入取整后为 751 天。

4. 定额工期

总工期=桩基工程工期+地下工程工期+地上工程工期=82+340+751=1 173 天。

第二部分 市政工程

一、概 况

本部分定额分为3章,共217条定额。其中,第一章道路工程108条,第二章桥梁与隧道工程93条,第三章城市地下综合管廊工程16条。

二、本部分特点

本部分定额适用于上海市行政区域内新建、扩建的城市道路工程、桥梁与隧道工程、城市地下综合管廊工程,不包括管道工程、交通设施、水处理厂站工程。

三、定额修编情况

1. 本部分的定额工期是指单项(位)工程工期,即单项(位)工程自地基与基础工程挖土或原桩位打基础桩之日起,至完成全部工程内容并达到国家和上海市验收标准之日止的日历天数(包括法定节假日),不包括"三通一平"、打试验桩、地下障碍物处理、跨越河道的围堰工程、竣工文件编制和竣工备案等所需的时间。

2. 道路工程工期按封闭交通、正常的施工条件、合理的作业流水线,并综合考虑一般的工程结构形式、施工条件及上海市地域、气候特点等因素编制。

3. 城市道路工程定额工期包括路基挖填土、机动车道、非机动车道、人行道、分隔带、雨水口、雨水支管的施工,以及道路范围内原有各类检查井的升降与旧路刨除等。

4. 本定额桥梁工程为单项(位)独立施工的新建桥梁,不适用于多层立交桥工程。

5. 人行天桥工程均按夜间、封闭交通条件下施工,定额工期包括桩基础,墩柱预制安装,上部结构预制吊装,桥面铺装、扶梯、平台、栏杆及装饰施工等,不包括顶棚、隔声(光)屏、电梯。人行天桥需加设顶棚、隔声(光)屏、电梯的,应另行计算增加工期。

6. 梁式桥工程定额工期包括桩基础、承台、墩柱、盖梁、上部预制结构吊装或现浇桥板、桥面铺装、人行道、栏杆及附属设施施工等。高架桥(高架道路)工程定额工期包括桩基础、承台、墩柱、盖梁、上部预制结构吊装或现浇桥板、桥面铺装、栏杆及附属设施施工等。

7. 本定额桥梁工程工期综合考虑了桥台、墩柱、盖梁的不同结构类型因素及跨道路施工时的交通情形。

8. 地下人行通道工程按顶管法施工方式进行编制,已包含施工降水的工期,定额工期包括工作井、始发、接收、防水、铺装、照明安装、通风、结构装饰及附属设施施工等。

9. 本定额盾构法公路隧道工程定额工期包括盾构掘进机安装、盾构掘进下井、接收井洞口土体加固及盾构进入接收井运出地面的工期;明挖法公路隧道工程定额工期包括基坑围护、加固、降水、开挖、结构及回填的时间;顶管法/箱涵顶进公路隧道工程定额工期包括工作井(含降水、工作井加固)、始发、接收、防水、铺装、照明安装、通风、结构装饰及附属设施施工等。

10. 城市地下综合管廊工程定额工期包含土方工程、基坑工程、结构工程、照明系统、消防系统、通风系统安装工程,不包括地基处理、智能系统、电力、通信、广播电视、燃气、热力、给水、排水等专业管线安装工程及相关管线外部接口、碰口。

四、定额使用中应注意的问题

1. 道路工程与管道工程同期施工时,考虑管道工程的施工对总工期的影响,以道路工程工期为基数,加上管道工程工期的 70% 计算总工期。

2. 道路工程与桥梁工程同期施工时,按以下方法计算总工期:

(1) 当道路和桥梁工程同期水平交叉作业施工时,分别计算道路和桥梁工程工期,以二者中工期长的作为基数,再加上另一工程工期的 25% 计算总工期。

(2) 当道路和桥梁工程同期垂直交叉作业施工时,以二者中工期长的作为基数,再加上另一工程的 50% 计算总工期。

3. 道路工程定额工期由基本工期和附加工期组成。基本工期是指正常施工条件下,完成基本施工内容所需要的时间。使用时,按道路长度、车道宽度、路面结构类型和结构层厚度等计算各类道路工期。附加工期是在基本施工内容之外发生的、常见或必要的施工因素所增加的工期。

4. 道路工程工期计算规定

(1) 道路长度按道路设计长度计算,道路长度处于本节相邻长度区间时,工期按内插法计算。道路长度超过 3 000 m 的,不再计算工期。

(2) 车道宽度按车行道(机动车道和非机动车道)标准断面设计宽度计算,不计算分隔带和人行道宽度。当相同路面结构形式车道宽度不同时,以对应道路长度按加权平均值计算。定额工期按车道宽度 36 m 以内考虑,车道宽度超过 36 m 的,不再计算工期。

(3) 拓宽的工程,车道宽度按实际拓宽的车行道宽度计算。

(4) 对于不做人行道的工程,按基本工期的 95% 计算。

(5) 道路结构层厚度是指从路床顶面标高至路面面层标高的总厚度。

(6) 当道路工程机动车道与非机动车道路面结构及厚度不同时,按机动车道的路面结构和厚度计算。

(7) 当道路工程机动车道含有水泥混凝土和沥青混凝土两种路面结构时,分别计算工期,取最大值作为总工期。

5. 道路工程附加工期计算规定

(1) 半封闭交通施工时,附加工期按基本工期乘以表 2-10 的相应系数计算。

表 2-10　半封闭交通施工附加工期系数

车道宽度(m)	≤8	≤14	≤18	≤22	>22
半封闭交通施工附加工期系数	0.35	0.2	0.1	0.07	0.05

(2) 当挖填方总数量平均厚度大于结构厚度的路基挖填土方施工时,按表 2-11 计算附加工期。若挖填方总数量平均厚度与结构厚度差超过 80 cm,超过部分按每 1 000 m³ 土方增加 3 天计算附加工期,最多不超过 30 天。

表 2-11　挖填方厚度差附加工期

道路长度(m)	工期(天)			
	挖填方厚度差(cm)			
	≤20	≤40	≤60	≤80
≤1 000	3	6	8	10

道路长度(m)	工期(天)			
	挖填方厚度差(cm)			
	≤20	≤40	≤60	≤80
≤2 000	6	12	16	20
>2 000	9	18	24	30

注：① 挖填方总数量平均厚度＝挖填土方总数量÷(道路长度×车道宽度)。
　　② 挖填方厚度差＝挖填方总数量平均厚度－结构厚度。

（3）路基局部处理(换土、掺灰、填骨料)时,增加附加工期按基本工期乘以表 2-12 的相应系数计算。其处理的工程量以厚度 20 cm 折成面积,按其占车行道总面积百分比计算;塑料排水板、砂桩、水泥搅拌桩,按其处理面积占车行道总面积百分比确定系数。

表 2-12　路基局部处理附加工期系数

折算面积占车行道总面积百分比	≤30%	30%～50%	>50%
路基局部处理附加工期系数	0.03	0.05	0.1

（4）道路工程设有砌筑式挡墙时,当其总长度小于或等于道路总长度 20% 时,不计算附加工期;当其总长度大于道路总长度 20% 时,按表 2-13 计算附加工期。

表 2-13　砌筑式挡墙附加工期

砌筑式挡墙占道路长度百分比	工期(天)		
	挡墙平均高度(m)		
	≤1	≤1.5	≤2
20%<L≤50%	5	10	15
50%<L≤100%	10	15	20
100%<L≤150%	15	20	25
150%<L≤200%	20	25	30

（5）道路工程设有现浇及装配式挡墙时,按表 2-14 计算附加工期。

表 2-14　现浇及装配式挡墙附加工期

现浇及装配式挡墙长度(m)	工期(天)			
	挡墙平均高度(m)			
	≤2	≤3	≤4	>4
≤50 m	21	24	28	32
≤100 m	28	32	39	45
≤150 m	35	40	47	53
>150 m	42	47	55	63

6. 桥梁工程工期计算规定

（1）桥梁工程(梁式桥)长度处于本节相邻数区间时,按内插法计算工期,超过最大长度时,工期按最大长度计算。

（2）人行天桥的长度按主体结构设计长度加梯道及坡道长度计算,单跨长度按计算跨度计算,取最大单跨长度;人行天桥的宽度按主体结构桥面水平投影宽度计算。

（3）梁式桥、高架桥长度按设计长度计算,宽度按桥面水平投影宽度计算。

（4）对于拓宽的桥梁工程,其工期按相应工期乘以系数1.2计算。

（5）同一合同段多座桥梁同期施工时,分别计算工期。当较长工期为较短工期的1.2倍或1.2倍以上时,则取较长工期作为总工期;若不足1.2倍,则取较短工期的1.2倍作为总工期。

（6）高架桥长度按照市政项目发包的标段长度划分,含引桥和匝道。

（7）本定额桥梁按陆上桥梁施工工期编制,跨越河道的桥梁工程按相应定额工期乘以系数1.6。

7. 管廊的长度按设计长度计算,当城市地下综合管廊工程实际长度在定额相邻子目长度区间时,按内插法计算工期。

8. 城市地下综合管廊的断面面积按结构标准断面外围尺寸计算,当断面面积不同时,按加权平均值计算。

9. 城市地下综合管廊工程按照明挖基坑编制,区分断面尺寸、按设计长度套用相应子目。城市地下综合管廊工程采用盾构施工的,执行城市轨道交通相应项目。

五、市政工程定额测算案例

某道路桥梁新建工程,道路总长度为1 016 m,道路宽度为21 m,沥青混凝土结构层总厚度为65 cm。根据本定额第二部分第一章,沥青混凝土道路工期查表为106天。

本工程包含一座钢筋混凝土灌注桩梁式桥,桥梁长度为425 m,桥面宽度为27.5 m,采用预制安装方式进行施工。根据本定额第二部分第二章,钢筋混凝土灌注桩梁式桥工期查表为291天。

根据本定额第二部分市政工程的说明,以二者工期长的作为基数,再加上另一工程工期的25%计算总工期,总工期=291+106×25%=317.5天,四舍五入取整后为318天。

第三部分 城市轨道交通工程

一、概 况

本部分定额分为2章,共134条定额。其中,第一章土建和轨道交通工程84条,第二章设备安装工程50条。

二、本部分特点

本部分定额适用于上海行政区域内的城市轨道交通工程,包括土建和轨道工程、设备安装工程。车辆基地中的工程,工期按工程所属专业分别执行"建筑安装工程""市政工程"和"城市轨道交通工程"工期定额。

三、定额修编情况

1. 城市轨道交通工程工期是指单项(位)工程工期,即单项(位)工程自工程桩或围护桩施工之日起,至完成各章节所包含的全部工程内容并达到国家和上海市验收标准之日止的日历天数(包括法定节假日),不包括"三通一平"、打试验桩、地下障碍物处理等施工准备和竣工文件编制所需的时间。

2. 土建工程包含的内容有主体结构、围护结构、附属结构,不含设备安装和装修工程。

3. 轨道工程包括铺道床、铺道岔、铺轨等工程的全部工作内容。

4. 车站土建工程工期包括土建结构和装修工程工期;装修工程工期仅作为总、分包之间确定分包合同工期的依据。

5. 车站建筑面积按照《建筑工程建筑面积计算规范》(GB/T 50353—2013)中"计算建筑面积的规定"计算。

6. 明挖工程:明挖基坑采用全封闭围护施工的,包括围护、降水工程、土方开挖和结构工期。明挖工程按上海地区土质编制,若遇暗浜、流砂等其他特殊地质情况,工期应按具体实施方案计算。

7. 盖挖工程按综合土质编制,若遇暗浜、流砂等其他特殊地质情况,工期应按具体实施方案计算。

8. 第二章设备安装工程中车站通用安装工程包括通风空调、给排水及消防工程、动力照明等系统工程。

四、定额使用中应注意的问题

1. 土建车站工程的实际建筑面积在两个定额子目范围内时,按内插法计算工期;土建区间工程和轨道工程的实际长度在两个定额子目范围内时,按内插法计算工期。车站工程层数超出本定额时,可按定额中相同面积最高相邻层数的工期差值增加工期。

2. 盾构工程工期计算规则

(1) 盾构工程按区间结构外径 7 m 以内编制,盾构区间结构外径大于 7 m 的,按实际工程情况核算工期。

(2) 盾构工程工期从设备下井组装开始计算,包括盾构组装调试、拆卸、维修和刀具更换时间,不包括始发(接收)井施工。始发(接收)井单独施工的,增加工期 150 天。

(3) 盾构工程始发按地下整体一次始发计算;当采用分体始发时,另增加工期 30 天。

(4) 盾构工程工期按单洞单机推进计算;当双洞双机同时推进时,另增加工期 30 天。

(5) 盾构工程以过站方式连续施工 2 个盾构区间时,应减去工期 30 天;盾构穿过已完成的区间内附属结构时,增加工期 30 天。

(6) 盾构工程完成后进行下列结构施工时增加工期的计算方法:暗挖联络通道增加工期 30 天;暗挖泵站(或与联络通道合建)增加工期 60 天;暗挖风道增加工期 150 天。多项同时发生时,按最长的工期计算。

(7) 盾构工程工期按上海的一般土质(粉质粘土、淤泥质黏土、粉砂等)情况编制,若遇穿越河道、重要管线、建(构)筑物等特殊情况,工期应按具体实施方案计算。

(8) 联络通道采用冻结法暗挖施工,含泵站。

3. 车辆基地轨道工程工期按每座 150 天计算。

4. 地铁车站出入口(地下)另外增加的,其定额工期参照本定额第二部分第二章的地下人行通道部分。

5. 第二章设备安装工程中设备各系统工期施工内容包括设备安装、单机调试、系统调试;设备各系统需做综合联调的,另增加工期 60 天。

6. 供电系统综合考虑了变电所(包括 35 kV、10 kV 变电所)、接触网(刚性接触网、接触轨等)、环网电缆、杂散电流等工程内容,不含主变电站[包括柔性接触网(所)]。

7. 通信系统包括专用通信系统、公安通信系统、政务通信系统、民用通信系统和乘客信息系统。通信系统已包含办公自动化系统工期。

8. 自动售检票系统不包括票务中心、车辆基地维修检测中心及总控制中心机房建设工期;导向标识系统工期参考本系统工期定额执行。

9. 车辆基地系统工程工期计算方法。

(1) 供电系统工程:按其变电所数量计算工期。

(2) 通信、信号、综合监控、自动售检票、环境与设备监控/火灾报警等系统工程:按 1 个车站并入各系统工程车站数量中计算工期。

10. 电梯工程参照本定额第一部分建筑工程第三章专业工程中的电梯工程工期。